Überwachung sicherheitsrelevanter Bereiche mit 24 GHz-Radarsensoren

Vom Promotionsausschuss der
technischen Universität Hamburg-Harburg
zur Erlangung des akademischen Grades
Doktor-Ingenieur (Dr.-Ing.)
genehmigte

DISSERTATION

von

Christof Möller

aus

Braunschweig

2012

Bibliografische Information der Deutschen Nationalbibliothek
Die Deutsche Nationalbibliothek verzeichnet diese Publikation in der Deutschen Nationalbibliografie; detaillierte bibliografische Daten sind im Internet über http://dnd.d-nb.de abrufbar.
1. Aufl. - Göttingen : Cuvillier, 2012
Zugl.: Hamburg-Harburg, Univ., Diss., 2012

978-3-86955-999-5

1. Gutachter:	Prof. Dr. Hermann Rohling
2. Gutachter:	Prof. Dr.-Ing. Gerhard Matz
Tag der mündlichen Prüfung:	10.01.2012

Nonnenstieg 8, 37075 Göttingen
Telefon: 0551-54724-0
Telefax: 0551-54724-21
www.cuvillier.de

1. Auflage, 2012
Gedruckt auf säurefreiem Papier

978-3-86955-999-5

Vorwort

Die vorliegende Arbeit entstand im Rahmen meiner Tätigkeit als wissenschaftlicher Mitarbeiter am Institut für Nachrichtentechnik der Technischen Universität Hamburg-Harburg.
Ganz besonders möchte ich mich bei Herrn Prof. Dr. Hermann Rohling bedanken, dass er mir die Möglichkeit gegeben hat, diese Arbeit in seinem Institut anzufertigen. Ohne seine Unterstützung und seinen Einsatz für die Projektarbeit in Zusammenarbeit mit der Industrie wäre diese Arbeit nicht möglich gewesen.
Herrn Prof. Dr.-Ing. Gerhard Matz danke ich für den Einsatz als Zweitgutachter dieser Arbeit. Herrn Prof. Dr. Ernst Brinkmeyer danke ich für die Übernahme des Prüfungsvorsitzes.
Ein wichtiger Faktor während meiner Zeit am Institut war auf jeden Fall das angenehme kollegiale Umfeld. Ich möchte mich bei allen Mitarbeitern für die schöne Zeit und die interessanten und oft hilfreichen Diskussion bedanken.
Desweiteren möchte ich mich bei Danny Gans, Tobias Koschel und Knut Raddatz für die Erlaubnis, ihre Flugzeugaufnahmen verwenden zu dürfen, bedanken.
Besonderer Dank gebührt meinen Eltern, die mich auf meinem bisherigen Lebensweg begleitet und unterstützt haben. Ohne ihren Beistand wäre ich mit Sicherheit nicht soweit gekommen.
Ein ganz spezieller Dank gilt Jessica, die mir die gesamte Zeit unterstützend zur Seite stand, meinen Launen stand gehalten hat und bereit war, sich mehrmals und ausgiebig mit meinem spannenden Thema auseinander zusetzen.
Vielen Dank!

Lübeck, Januar 2012 Christof Möller

Vorwort

[illegible]

Inhaltsverzeichnis

Kapitel 1

Einleitung

Von den Anfängen der Radartechnik im Jahr 1904 bis heute hat die Radarsensorik einen beachtlichen Wandel vollzogen, sowohl was die Leistungsfähigkeit als auch die Integration der Geräte betrifft. Begonnen hat alles mit der Idee von Christian Hülsmeyer, mit Hilfe von elektromagnetischen Wellen den Schiffsverkehr, besonders bei schlechten Sichtverhältnissen, sicherer zu machen. Damals fand die von Hülsmeyer „Telemobiloskop“ genannte Erfindung noch nicht viel Beachtung bei den „Anwendern“, so dass die Idee etwas in Vergessenheit geriet. In den 30er Jahren entdeckte das Militär die Vorzüge der Radartechnik für sich, was 1938 zum ersten großen praktischen Einsatz, sowohl von Bodenradaren, wie der FREYA Anlage, eines Pulsradars zur Küstenüberwachung, als auch von Schiffsradaren, wie dem FuMG 38 G auf dem Panzerschiff Graf Spee, führte. Nach dem Zweiten Weltkrieg profitierten die zivile Schiff- und Luftfahrt von den gewonnenen Erkenntnissen und Weiterentwicklungen, so dass heutzutage Radargeräte zur Sicherung des Luftraumes und der Schifffahrtswege ein unverzichtbares Mittel darstellen.

Gerade in den letzten 15 Jahren verstärkte sich das Interesse, die Radarsensorik auch im Automobilbereich einzusetzen, um den Automobilverkehr zum einen komfortabler, aber hauptsächlich auch sicherer zu machen. Bereits seit 1998 sind sogenannte automatische Abstands- und Geschwindigkeitsregelgeräte bei verschiedenen Automobilanbietern für den Einsatz auf der Autobahn als Zubehör erhältlich. Bei diesen Systemen handelt es sich um erweiterte Tempomaten, bei denen nicht nur eine Wunschgeschwindigkeit vorgeben werden kann, sondern die Eigengeschwindigkeit auf der Basis von Radarmessdaten gegebenenfalls angepasst wird, so dass ein vorgegebener Sicherheitsabstand zum vorausfahrenden Fahrzeug nicht unterschritten wird. Diesem Komfortsystem folgten die Entwicklung und die teilweise Umsetzung von Sicherheitssystemen. So sind zum Beispiel Spurwechselassistenten, die mit Hilfe von Radarsensorik den „toten“ Winkel bei Spurwechselvorgängen überwachen und den Fahrer durch akustische oder optische Signale

bei Gefahr einer Kollision warnen, unter anderem bei Audi unter dem Namen „Audi side assist“, seit 2006 als Zusatzausstattung erhältlich.
Diese sicherheitsrelevanten Systeme stellen hohe Anforderungen an die verwendete Radarsensorik. Zum einen müssen die verwendeten Radargeräte präzise die Entfernungen und Geschwindigkeiten der anderen Verkehrsteilnehmer messen. Um eine schnelle Reaktionszeit gewährleisten zu können, müssen diese beiden Größen möglichst gleichzeitig und auch in Mehrzielsituationen zuverlässig gemessen werden [BRMR09]. Zum anderen muss die Bauform der verwendeten Radarsensoren so klein wie möglich sein, da sie sonst nicht in die Fahrzeuge integrierbar wären. Aus diesen Gründen hat der vermehrte Einsatz von Radarsensorik im Automobilbereich dazu geführt, dass leistungsfähige, aber gleichzeitig auch kompakte Radarsensoren für ein gutes Preis-Leistungs-Verhältnis zur Verfügung stehen, vgl. [MBM+03]. Da liegt die Idee nahe, zu untersuchen, inwieweit sich diese bereits vorhandene Technik für den Einsatz in anderen Anwendungsbereichen eignet und in welcher Form die Signalverarbeitung, falls nötig, an die neuen Gegebenheiten angepasst werden muss.
Wie der geschichtliche Rückblick zeigt, wurde die Radartechnik ursprünglich erdacht, um öffentliche Verkehrsmittel, in diesem Fall den Schiffsverkehr, sicherer zu machen. Aber im weiteren Verlauf der Entwicklung entdeckte das Militär auch die Möglichkeiten, mit Hilfe der neuen Technik, unerwünschte Eindringlinge in bestimmten Gebieten aufzuspüren. Diese beiden Ideen spiegeln sich auch in den in dieser Dissertation untersuchten Anwendungsvorschlägen wider. In beiden Szenarien geht es um eine Überwachung von großen Arealen, allerdings in verschiedenen Einsatzgebieten und mit verschiedenen Zielsetzungen.
Im ersten Fall handelt es sich um die Überwachung eines beliebigen Außenbereiches, in dem sich keine unbefugten Personen aufhalten sollen, zum Beispiel dem eines Gefängnisses, vgl. [MRM07]. Die Herausforderung ist hierbei, ein System zu entwickeln, das eine hohe Entdeckungsrate für Personen, aber gleichzeitig eine geringe Wahrscheinlichkeit für Fehlmeldungen aufweist. Heutzutage werden für diese Überwachungsaufgabe verschiedenste Systeme eingesetzt. Diese herkömmlichen Überwachungssysteme haben oft den Nachteil, dass sie anfällig für Fehlalarme sind, da sie keine Möglichkeit haben, die Ziele, die sie detektieren, zu klassifizieren. Das bedeutet, dass sie nicht zwischen den für den Anwender uninteressanten Störsignalen und den für ihn relevanten Nutzsignalen unterscheiden können. Das kann dazu führen, dass alle bewegten Ziele, wie zum Beispiel Bäume und Sträucher im Wind, zu einer Alarmmeldung führen. Zusätzlich kann die Leistungsfähigkeit stark von den bestehenden Licht- und Wetterverhältnissen abhängen, so dass sich die Entdeckungsrate bei Dunkelheit, Regen oder Nebel extrem verschlechtert.
Ein Radarsensor weist diese beschriebenen Nachteile nicht auf. Zum einen werden Radarsensoren kaum oder gar nicht von Licht- und Wetterverhältnissen be-

einflusst, wodurch sich ein zuverlässiges Detektionsverhalten ergibt. Zum anderen können an Hand der vielen und detaillierten Messdaten, die die Radarsensoren liefern, verschiedene Objektklassen, wie schwankende Äste, Tiere oder Personen, voneinander unterschieden werden. Um jedoch eine automatisierte Trennung der verschiedenen Objektklassen zu garantieren, müssen die charakteristischen physikalischen Eigenschaften der auftretenden Objektklassen untersucht werden, um herauszufinden, wie sich diese in unterschiedlichen Reflektionssignalen niederschlagen. Da nicht nur eine einfache Detektionsmeldung, sondern zusätzlich eine genaue Bestimmung der Position und Bewegungsrichtung einer Person in dem überwachten Bereich wünschenswert ist, müssen geeignete Techniken entwickelt werden, um die Bewegung der erkannten Person zu verfolgen.
Bei einem Menschen handelt es sich im Vergleich zu anderen Beobachtungsobjekten aus dem Bereich der Radartechnik, wie Schiffen, Flugzeugen oder Autos, nicht um ein starres Objekt, sondern seine Extremitäten und sein Rumpf bewegen sich mit verschiedenen Geschwindigkeiten. Die Schwierigkeit, die sich daraus ergibt, liegt in der Tatsache, dass es sich bei dem Menschen nicht mehr, wie in der klassischen Radartechnik, um ein Punktziel handelt. Eine Person besteht aus mehreren Reflektionszentren und wird auf Grund des sehr guten Geschwindigkeitsauflösungsvermögens der verwendeten Radarsensoren durch mehrere Radarziele repräsentiert. Somit müssen die bereits bekannten Signalverarbeitungsschritte an diese besondere Begebenheit angepasst werden.
Das zweite in dieser Dissertation betrachtete Szenario untersucht die Möglichkeit, den Rollverkehr auf Flughafenvorfeldern mit Hilfe von Radarsensoren zu überwachen und zu sichern. Mit einem solchen System werden Zusammenstöße von auf dem Rollfeld rollenden Flugzeuge und fahrenden Servicefahrzeugen verhindert und somit die Sicherheit im öffentlichen Verkehr gesteigert, womit der ursprüngliche Gedanke von Christian Hülsmeyer aufgegriffen wird. Zu diesem Zweck werden die Position und Geschwindigkeit aller Flugzeuge und Fahrzeuge in den gefährdeten Bereichen bestimmt und diese Nachrichten dann an die Fluglotsen weiter gemeldet. In besonders kritischen Situation ist es außerdem vorstellbar, den Fluglotsen durch ein Signal eine Gefährdungssituation mitzuteilen.
Bei vielen großen Flughäfen sind zwar bereits Flugfeldüberwachungsradare (SMR = Surface Movement Radar) vorhanden, aber diese Systeme überwachen große Bereiche. Das hat zur Folge, dass einerseits die Fluglotsen eine große Menge an Nachrichten verarbeiten müssen und andererseits durch Abschattungseffekte der Flughafenbebauung bestimmte Bereiche des Rollfeldes gar nicht abgedeckt werden können. Eine Alternative hierzu bieten mehrere auf dem Rollfeld verteilte Radarsensoren, die zwar eine geringere Reichweite aufweisen, aber mit denen gezielt Gefahrenbereiche, zum Beispiel Taxiwegkreuzungen, überwacht werden können. Wie bereits erwähnt, ist es hier wünschenswert, nicht nur die Position sowie Bewegungsrichtung und -geschwindigkeit der Fahr- und Flugzeuge zu bestimmen,

sondern auch eine automatische Warnung im Falle einer Gefahrensituation zu erzeugen. Die Aufgabe der Klassifikation verschiedener Objekte steht hier nicht so stark im Vordergrund wie im ersten Szenario, da die auftretenden Radarreflektionen in dem interessanten Bereich zum größten Teil nur von den zu beobachtenden Objekten selbst stammen können. Aber auch hier kann es nötig sein, die Nutzsignale der zu beobachtenden Fahrzeuge von Störsignalen durch Bebauung oder Wetterphänomene zu trennen.

Wie Personen, so werden auch Flugzeuge in diesem Anwendungsfall durch mehrere Radarziele repräsentiert. Das kommt daher, dass im Vergleich zu gebräuchlichen Flugüberwachungsradaren die Radarsensoren aus dem Automobilbereich eine viel höhere Entfernungsauflösung haben, so dass sich so große Objekte wie Flugzeuge über mehrere Entfernungszellen erstrecken.

Auf den ersten Blick sind dies zwei völlig verschiedene mögliche Anwendungsgebiete von 24 GHz-Radarsensoren. Aber bei genauerem Hinsehen beinhalten beide ähnliche technische Herausforderungen. In beiden Fällen müssen Strategien entwickelt werden, die herkömmliche Signalverarbeitung so abzuändern, dass eine sinnvolle Verarbeitung von Zielen möglich ist, die in der Entfernung und möglicherweise auch in der Geschwindigkeit ausgedehnt sind. Das angestrebte Ergebnis ist dabei immer, die Position und Geschwindigkeit der beobachteten Objekte genau zu bestimmen. Zusätzlich müssen Objektklassen und ihre radartechnischen Eigenschaften definiert werden, um Nutz- von Störsignalen zu trennen.

Gegenstand dieser Arbeit ist es, geeignete Techniken zur Lösung der beiden vorgestellten Problemstellungen zu entwickeln und zu beschreiben, sie an die speziellen Situationen der zwei Anwendungsbeispiele anzupassen und ihre Leistungsfähigkeit zu beurteilen. Für die Erfüllung der verschiedenen Aufgaben wird hierbei auf vorhandene Sensortechnik zurückgegriffen. Da diese Sensorik sich bereits in vielen Anwendungen im Automobilbereich bei der Erfassung verschiedenster Objekttypen bewährt hat, soll der Schwerpunkt dieser Arbeit nicht darauf liegen, einen neuen Radarsensor mit neuer Signalform zu entwickeln, sondern einen geeigneten Sensortyp für die jeweilige Aufgabe auszuwählen und die weitere Signalverarbeitung an die neuen Gegebenheiten anzupassen.

Das zweite Kapitel beschreibt im Detail die beiden Aufgabengebiete. Das Hauptaugenmerk liegt hierbei auf einer genauen Beschreibung der Zielsetzung und wie sich die neu zu entwickelnden Systeme von bereits bestehenden abgrenzen. Die sich daraus ergebenden Anforderungen zum einen an die Sensorik, aber auch an die weitere Signalverarbeitung, werden herausgearbeitet. Im Speziellen wird der Vorschlag in Betracht gezogen, anstatt mehrerer isolierter Radarsensoren ein Sensornetzwerk zur Überwachung größerer Bereiche zu nutzen. Neben diesem Aspekt werden auch weitere Gemeinsamkeiten der beiden Systeme hervorgehoben.

Das dritte Kapitel gibt einen Überblick über die im Automobilbereich vorhande-

nen Radarsensoren. Der Fokus soll hier auf den frequenzmodulierten Signalen liegen, da diese, wie sich zeigen wird, gegenüber den Pulsradaren besser für die beschriebenen Aufgaben geeignet sind. Es werden die unterschiedlichen Messtechniken zur Erfassung von Entfernung, Geschwindigkeit und azimutalem Winkel vorgestellt. Um die Eigenschaften der verschiedenen Signalformen vergleichen zu können, werden die Begriffe Genauigkeit, Auflösung und eindeutige Reichweite eingeführt und diskutiert.
Das vierte Kapitel beschäftigt sich mit den einzelnen Schritten einer typischen Radarsignalverarbeitung. Hierbei soll die komplette Signalverarbeitungskette von der Detektion über das Tracking bis zur finalen Alarmentscheidung betrachtet werden. Jeder einzelne Block der Verarbeitungskette wird beschrieben, wobei bekannte Techniken erklärt und gegebenenfalls ihre Limitierungen in Hinsicht auf die neuen Aufgabengebiete aufgezeigt werden.
Das fünfte Kapitel teilt die möglichen Zieltypen in verschiedene Objektklassen ein. Zuerst werden die physikalischen Eigenschaften dieser Objektklassen betrachtet und danach die daraus resultierenden Eigenschaften der jeweils empfangenen Radarsignale. Hierbei werden die auftretenden Objekte der beiden Aufgabengebiete getrennt betrachtet. Für die Geländeüberwachung werden diese in zwei Hauptgruppen unterteilt. Die erste Gruppe umfasst Objekte, die sich nicht durch den Beobachtungsbereich bewegen, wie zum Beispiel Bebauung oder Bewuchs. Dies sind die sogenannten stationären Objekte. Die zweite Gruppe umfasst diejenigen Objekte, die sich durch den Beobachtungsbereich bewegen. Diese werden als bewegte Objekte bezeichnet. Bei der Rollfeldüberwachung ist nur eine Objektklasse von Interesse und zwar die der Flugzeuge. In beiden Fällen werden die theoretischen Betrachtungen an Hand von Messdaten untermauert. Die Messdaten stammen im Fall der Geländeüberwachung aus einem fest in einem Hamburger Gefängnis installierten Versuchssystem. Die Messdaten der Flugzeuge wurden mit Hilfe eines mobilen Aufbaus auf dem Vorfeld des Hamburger Flughafens Fuhlsbüttel aufgezeichnet.
Das sechste Kapitel beschäftigt sich mit der Signalverarbeitung eines einzelnen Radarsensors. Hierbei sollen Alternativen zu der in Kapitel 4 beschriebenen klassischen Radarsignalverarbeitung entwickelt werden, um zum einen die ausgedehnten Ziele verarbeiten zu können und zum anderen die Nutzziele effektiv von den Störsignalen zu trennen. Zur Realisierung dieser Aufgabe wird die Idee vorgestellt, schon zu einem frühen Zeitpunkt der Signalverarbeitung die Radarziele, die von stationären Zielen verursacht werden, gezielt auszusortieren, um damit eine Entlastung der weiteren Signalverarbeitung zu erreichen. Da die in Kapitel 4 erläuterten Verfahren nicht auf die bereits beschriebenen ausgedehnten Ziele ausgelegt sind, werden Strategien entwickelt, um eine sinnvolle Weiterverarbeitung dieser Echosignale zu erreichen. Hierfür können zwei verschiedene Ansätze gewählt werden. Entweder werden aus den Objekten neue künstliche Punktziele

generiert, ohne dass wichtige Informationen verloren gehen, oder die bestehenden Verfahren werden so modifiziert, dass eine sinnvolle Weiterverarbeitung von mehreren Detektionen als ein Objekt möglich ist. Die unterschiedlichen Vorgehensweisen werden vorgestellt und ihre Eignung für die verschiedenen Zieltypen beurteilt.

Im siebten Kapitel wird die Erweiterung der Verarbeitung für einen Radarsensor zu einer Netzwerklösung beschrieben. Schon alleine um größere Bereiche überwachen zu können, ist der Einsatz von mehreren Radarsensoren unumgänglich. Natürlich bestünde auch die Möglichkeit, jeden dieser Radarsensoren einzeln auszuwerten. Aber eine geschickte gemeinsame Auswertung, sprich eine Zusammenfassung der Radarsensoren zu einem Netzwerk, kann die Entdeckungswahrscheinlichkeit entscheidend erhöhen. Zusätzlich ist es möglich, die Gesamtsituation im Netzwerk auszuwerten. Dieser Zugewinn an Informationen kann dazu genutzt werden, den Entscheidungsprozess, ob es sich bei dem erkannten Signal um ein Stör- oder Nutzsignal handelt, maßgeblich zu unterstützen. Allerdings bringt die Zusammenschaltung zu einem Netzwerk nicht nur Vorteile. Es müssen gleichzeitig Techniken entwickelt werden, wie die Ziellisten der einzelnen Radarsensoren zu einer gemeinsamen Verarbeitung zusammen geführt werden können. Auch hier werden verschiedene Ansätze vorgestellt und ihre Vor- und Nachteile gegeneinander abgewogen. Zu diesem Zweck wird erneut die gesamte Signalverarbeitungskette betrachtet, wobei einzelne Verarbeitungsschritte erhalten bleiben können, andere angepasst werden oder, wie im Fall der Analyse der Gesamtsituation im Netzwerk, sogar komplett neu hinzugefügt werden müssen.

Das letzte Kapitel gibt eine Zusammenfassung der gewonnenen Erkenntnisse und einen Ausblick auf weiterführende Aufgaben- und Fragestellungen.

Kapitel 2

Überwachung sicherheitsrelevanter Bereiche

In diesem Kapitel werden die beiden in dieser Arbeit behandelten Aufgabenstellungen beschrieben. Insbesondere sollen die Anforderungen an die zu entwickelnden Systeme, die Gelände- und Rollfeldüberwachung, vorgestellt werden.
Bereits 1904 erkannte Christian Hülsmeyer die Möglichkeit elektro-magnetische Wellen zu nutzen, um die Sicherheit in Gefahrensituationen, damals speziell im Schiffsverkehr, zu erhöhen. Er entwickelte die Idee, Signale auszusenden und deren Reflektionen wieder zu empfangen, um somit auch bei schlechten Sichtverhältnissen zu erkennen, ob sich metallische Objekte, wie eben Schiffe, in der Nähe befinden. Auf Grund dieser Information sollte gegebenenfalls ein Warnsignal ausgegeben werden, um eine mögliche Kollision zu vermeiden. Das von ihm entwickelte „Telemobiloskop" gab eine reine Detektionsmeldung. Nur an Hand der Richtwirkung der Antennen und indem die gesamte Apparatur gedreht wurde, konnte die Richtung, in der sich das beobachtete Objekt befand, bestimmt werden. Diese Erfindung wurde von Christian Hülsmeyer am 30. April 1904 beim Deutschen Patentamt in Berlin unter dem Titel „Verfahren, um entfernte metallische Gegenstände mittels elektrischer Wellen einem Beobachter zu melden" zum Patent angemeldet, vgl. [Hül04a]. Aber schon damals hatte Hülsmeyer die Idee, zusätzlich zu einer reinen Detektion an Hand der Laufzeit der Signale auch noch die Entfernung zu den entdeckten Objekten zu bestimmen. Auch dieses Verfahren meldete er zum Patent an und erhielt am 11. November 1904 unter dem Titel „Verfahren zur Bestimmung der Entfernung von metallischen Gegenstände (Schiffe o.dgl.), deren Gegenwart durch das Verfahren in Patent 165546 festgestellt wird" ein Zusatzpatent, vgl. [Hül04b]. Allerdings entwickelte Hülsmeyer diese Ideen etwa ein Vierteljahrhundert zu früh. Erst während des Zweiten Weltkriegs wurde durch die militärische Nutzung das große Potential dieser Verfahren bei der Überwachung des Luft- und Seeraumes entdeckt. Ab den 50er Jahren wurde die

KAISERLICHES PATENTAMT.

AUSGEGEBEN DEN 21. NOVEMBER 1905.

PATENTSCHRIFT

№ 165546

KLASSE 74d.

CHR. HÜLSMEYER IN DÜSSELDORF.

Verfahren, um entfernte metallische Gegenstände mittels elektrischer Wellen einem Beobachter zu melden.

Patentiert im Deutschen Reiche vom 30. April 1904 ab.

Fig. 1.

Abbildung 2.1: Deckblatt des von Christian Hülsmeyer angemeldeten Patents

Abbildung 2.2: 24 GHz-Radarsensor aus dem Automobilbereich

Technik dann endlich dem ursprünglich angedachten Anwendungsgebiet, der Erhöhung der Sicherheit im zivilen See- und Flugverkehr, verfügbar gemacht und auch eingesetzt. Durch die Weiterentwicklung der Technik in den 90er Jahren und den Einsatz zur Erhöhung der Sicherheit im Automobilbereich wurde dieser Gedanken mit der Ausweitung auf weitere Bereiche des Verkehrs konsequent fortgeführt. Der entscheidende Unterschied der Radarsensoren aus dem Automobilbereich zu früheren Radarsystemen ist zum einen der Wechsel zu Nahbereichsanwendungen sowie die hohe Stückzahl, in der diese Radarsensoren produziert werden. Durch die gleichzeitig hohen Ansprüche in Sachen Zuverlässigkeit und Genauigkeit der verwendeten Radarsensoren, stehen mittlerweile leistungsfähige Systeme in einem guten Preis-Leistungs-Verhältnis zur Verfügung. Um den innovativen Geist der Radartechnik weiterzuführen, ist es nur logisch, die Eignung dieser Technik für andere Anwendungsgebiete zu untersuchen und sie dementsprechend weiter zu entwickeln. Zwei der möglichen zukünftigen Anwendungsgebiete und die daraus resultierenden Aufgabenstellungen sollen in diesem Kapitel vorgestellt werden.

2.1 Geländeüberwachung

Es gibt viele Situationen, in denen besondere Geländebereiche nur einem begrenzten Kreis von Personen zugänglich sein sollen, so zum Beispiel die Außenbereiche bestimmter Industrieanlagen oder Justizvollzugsanstalten.
Diese Bereich werden im Normalfall durch Kameras beobachtet, deren Bilder an einer zentralen Stelle von Wachleuten kontrolliert werden. Um das Wachpersonal zu entlasten, werden zusätzliche Überwachungstechniken eingesetzt, um die Aufmerksamkeit auf einen bestimmten Bereich zu lenken, falls sich dort eine Person

aufhält. Ein solches modernes Überwachungssystem sollte automatisch und zuverlässig aus den gesammelten Messdaten Alarmmeldungen generieren, falls Objekte von Interesse detektiert werden. Gleichzeitig müssen diese Alarmmeldungen eine hohe Zuverlässigkeit aufweisen, sprich: Es dürfen nur geringe Falschalarmraten zugelassen werden. Andernfalls würde das Wachpersonal auf Dauer das Vertrauen in ein solches System verlieren und den Alarmmeldungen nur noch geringe Beachtung zukommen lassen, so dass der ganze Sinn des Systems unterwandert würde.
Bisher werden sicherheitsrelevante Bereiche zum Beispiel zusätzlich durch Zaunüberwachung oder Mikrowellenstrecken gesichert. Bei der Zaunüberwachung wird der sogenannte Mikrofonieeffekt ausgenutzt. Mikrofonie beschreibt die Eigenschaft von einigen elektronischen Bauteilen, auf Grund von mechanischer Anregung ihre elektrischen Parameter zu ändern. Im Fall der Zaunüberwachung wird diese Tatsache ausgenutzt, indem ein spezielles Sensorkabel an einem Maschendraht- oder Gitterzaun befestigt wird. Die durch Bewegungen des Zauns verursachte kapazitive Veränderung innerhalb des Kabels kann gemessen werden und führt zu einer Alarmmeldung. Die Entdeckungsrate bei einem solchen System ist zwar hoch, aber durch Windbewegungen kann es vermehrt zu Fehlalarmen kommen. Zusätzlich wird erst der Versuch den Zaun zu überwinden registriert, so dass ein frühzeitiges, vorauseilendes Eingreifen des Wachpersonals nicht möglich ist.
Bei dem zweiten Beispiel, einer Mikrowellenstrecke, werden um das zu überwachende Objekt herum getrennte Mikrowellensender und -empfänger aufgestellt. Durch die Paarungen von Sendern und Empfängern wird eine unterbrechungsfreie Funkstrecke aufgebaut. Das empfangene Mikrowellensignal wird permanent vermessen und der Empfangspegel mit dem Ruheempfangspegel verglichen. Wenn sich der Empfangspegel auf Grund von Objekten innerhalb der Funkstrecke ändert, führt dies zu einer Alarmmeldung. Im Gegensatz zu dem ersten System ist dieses nicht örtlich gebunden, aber auch hier können Wetterphänomene wie Niederschlag oder auch Vegetation innerhalb des Überwachungsbereiches zu einer Störung der Funkstrecke führen und somit einen Fehlalarm auslösen.
Wie sich zeigt, ist somit die Fehlalarmrate der Schwachpunkt der bisher verbreitet eingesetzten Techniken. Das Ziel dieser Arbeit ist es, ein messtechnisches Prinzip vorzustellen, das eine hohe Detektionsrate bei gleichzeitig niedriger Falschalarmrate bietet.

2.2 Rollfeldüberwachung

Auch bei dem zweiten Anwendungsgebiet geht es im Prinzip darum, dass sich Objekte nicht in bestimmten Bereichen aufhalten sollen. Vereinfacht gesagt, handelt es sich um einen „Blitzer“ für Flugzeuge.

In den letzten Jahren hat der kommerzielle Flugverkehr stark zugenommen. Gleichzeitig wird der Preisdruck auf die Luftfahrtgesellschaften durch das erhöhte Aufkommen von „Billigfliegern“ immer größer. Das führt dazu, dass die Bodenstandzeiten der Flugzeuge minimiert werden müssen, denn jede ungenutzte Minute auf dem Boden bedeutet für das Unternehmen einen Verlust. Daraus resultiert aber auch, dass die Flugpläne exakt durchgeplant werden müssen, damit die benötigten Flugzeuge genau zum richtigen Zeitpunkt am richtigen Flughafen sind. Verzögerungen im Flugbetrieb führen zu einer Fehlerfortpflanzung, da bei Verspätungen wiederum auf neue Startfenster gewartet werden muss. Dieser Leistungsdruck wird sowohl an die Flugkapitäne, als auch an das Bodenpersonal weitergegeben. Wie jeder Flugpassagier beobachten kann, herrscht dadurch hektischer Verkehr auf den Rollfeldern. Zum einen pendeln verschiedene Servicefahrzeuge, wie Tanklaster, Reinigungsfahrzeuge oder Gepäckwagen, zwischen den, auf gegebenenfalls mehrere Vorfelder verteilten, Flugzeugstellplätzen und den Terminals. Zum anderen natürlich die Flugzeuge selber, die, größtenteils von ortsfremden Flugkapitänen, von der Landebahn zu ihrem richtigen Stellplatz und später zurück zur Startbahn gefahren werden müssen. Dieses gesamte Verkehrsaufkommen muss von den Lotsen im Tower im Blick behalten und koordiniert werden. Durch die großen Menge an Verkehrsteilnehmern und dem permanenten Zeitdruck können, insbesondere bei schlechten Sichtverhältnissen, auf allen Seiten schnell Fehler passieren.

Die meisten Unfälle, die auf den Vorfeldern der internationalen Flughäfen passieren, sind so genannte „runway incursions“, sprich: Zwei Fahrzeuge stoßen an der Kreuzung zweier Rollwege zusammen. Diese Kreuzungen sind meist mindestens auf einem der beiden Rollwege durch sogenannte „Stopbars“, im Prinzip eine in den Boden eingelassene Ampel, abgesichert. Wenn aber ein Pilot die optische Warnung übersieht, kommt es zu den beschriebenen Unfällen.

Das Fehlverhalten des Piloten muss somit vor dem Zusammenstoß von einem der Lotsen im Tower bemerkt werden. Nur dann kann er den Piloten auf seinen Fehler aufmerksam machen oder im Notfall den anderen betroffenen Flugzeugkapitän zum Anhalten oder gar Abbrechen des Startvorgangs veranlassen und somit den Zusammenstoß verhindern. Die meisten Flughäfen verfügen über ein Bodenradar (SMR), mit dem die Überwachung des Rollverkehrs auch bei schlechten Sichtverhältnissen möglich ist. Aber genauso wie bei einer optischen Überwachung vom Tower aus, muss das Fehlverhalten des Flugkapitäns durch eine Analyse der Situation vom Lotsen selbst entdeckt werden. Bei großem Verkehrsaufkommen kann eine Gefahrensituation somit leicht übersehen werden. Aus diesem Grund werden die Stopbars als Unfallschwerpunkte zusätzlich überwacht, zum Beispiel durch Induktionsschleifen oder Mikrowellensender und -empfänger. Wenn ein unerlaubtes Überqueren der Stopbars detektiert wird, können der Lotse oder der Pilot durch die zusätzliche Aktivierung von Lichtsignalen alarmiert werden.

Bei Induktionsschleifen handelt es sich um Spulen, die im Asphalt der Rollwege verlegt werden. Sie sind parallel zu einem Kondensator geschaltet, so dass sich ein Schwingkreis mit bekannter Resonanzfrequenz ergibt. Wenn sich ein metallischer Gegenstand, wie ein Fahrzeug, im Bereich der Induktionsschleife befindet, ändert sich dadurch die Induktivität der Spule und somit auch die Resonanzfrequenz, wodurch eine Detektionsmeldung möglich ist. Da die Induktionsschleifen unter dem Asphalt der Taxiways verlegt werden müssen, ist diese Überwachungstechnik vergleichsweise teuer. Bei der Überwachung durch Mikrowellensendern werden permanent elektromagnetische Wellen im Mikrowellenbereich ausgesendet und von einem Empfänger auf der anderen Seite des Taxiways empfangen. Wenn sich ein Objekt zwischen Sender und Empfänger befindet, wird die elektromagnetische Strahlung durch dieses Objekt zum Teil absorbiert, so dass am Empfänger nur noch ein Bruchteil der vorher empfangenen Leistung messbar ist. Somit ist auch in diesem Fall eine reine Detektionsmeldung möglich. Durch dieses simple Überwachungsprinzip tritt aber auch hier das zuvor beschriebene Problem der Fehlalarme auf, da auf Grund der begrenzten vorhandenen Informationen nicht zwischen verschiedenen Objekten unterschieden werden kann.

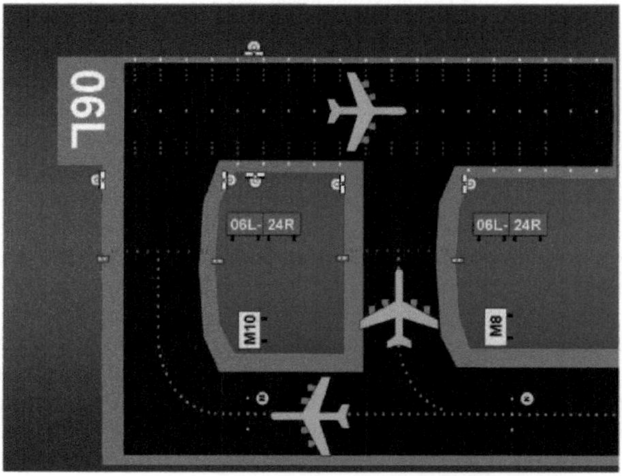

Abbildung 2.3: Stopbars auf einem Flughafenvorfeld

2.3 Radarmesstechnik als Überwachungstechnik

Um die Aufgabenstellungen sowohl der Gelände- als auch der Rollfeldüberwachung zu erfüllen, wird ein leistungsfähiges Überwachungssystem benötigt. Die bisher vorgestellten Techniken, wie Induktionsschleifen oder Mikrowellenstrecken, können zwar eine reine Detektionsmeldung geben, um jedoch weitere Aussagen über das detektierte Objekt treffen zu können, reichen die Messdaten nicht aus. In beiden Anwendungsfällen sind aber weitere Informationen über die beobachteten Objekte von Interesse. Im Fall der Geländeüberwachung kann eine zusätzliche Bestimmung von Objekteigenschaften für eine Klassifizierung genutzt werden, so dass die Falschalarmrate entscheidend gesenkt wird. Bei der Rollfeldüberwachung hingegen sind besonders die Abmessungen der beobachteten Flugzeuge relevant, um eine gesicherte Aussage treffen zu können, wo sich das detektierte Objekt genau befindet.

Eine Möglichkeit, die sicherheitskritischen Bereiche zu überwachen, wären kamerabasierte Überwachungssysteme. Bei einem solchen Videoüberwachungssystem kann mit Hilfe von Mitteln der Bilderkennung eine Klassifikation der beobachteten Objekte durchgeführt werden. Hierdurch lässt sich die Falschalarmrate im Vergleich zu den vorher beschriebenen Systemen entscheidend vermindern. Durch eine Längenschätzung der entdeckten Objekte wäre es auch möglich, zusätzliche Informationen über die Abmessung der Beobachtungsobjekte zu gewinnen. Der Nachteil dieser Systeme ist aber, dass die Entdeckungswahrscheinlichkeit stark von den aktuellen Licht- und Witterungsverhältnissen abhängt. Durch Restlichtverstärker oder Wärmebildkameras kann die Bildqualität bei geringer Beleuchtung oder sogar Dunkelheit verbessert werden. Aber bei Gegenlicht, Nebel oder Niederschlag sinkt die Reichweite dieser Systeme erheblich, so dass eine sichere Entdeckungsmeldung nicht mehr möglich ist. Es gibt somit bisher noch kein System auf dem Markt, das gleichzeitig eine hohe Entdeckungsrate und umfangreiche Informationen über die Beobachtungsobjekte bietet.

Mit Hilfe einer intelligenten Datenverarbeitung haben Radarsensoren das Potential beides zu liefern. Verglichen mit den gebräuchlichen Systemen haben Radarsensoren zum einen den Vorteil, dass sie zuverlässig bei allen Wetterkonditionen funktionieren und komplett unabhängig von den bestehenden Lichtverhältnissen sind. Dadurch liefern sie durchgängig eine hohe Entdeckungsrate für Objekte in ihrem Sichtbereich. Gleichzeitig vermessen Radarsensoren hochgenau die Entfernung, den azimutalen Winkel und die radiale Geschwindigkeit von allen Zielen in ihrem Beobachtungsbereich. Durch diese Vielzahl an detaillierten Informationen ist eine exakte Klassifizierung der einzelnen Ziele möglich, wodurch eine geringe Falschalarmrate erreicht werden kann. Zudem stehen aus dem Automobilbereich Radarsensoren zur Verfügung, die Ziele mit einem Abstand von weniger als einem

Meter zueinander als einzelne Ziele erkennen können. Mit Hilfe dieser Sensoren ist es möglich, eine Aussage über die Abmessungen von großen Objekten zu treffen.
In den nächsten beiden Unterkapiteln wird herausgearbeitet, welche speziellen Anforderungen die beiden verschiedenen Aufgabenstellung an die Radarmesstechnik stellen, die durch eine geeignete Verarbeitung, vgl. Kapitel 6, der gesammelten Messdaten gelöst werden müssen.

2.3.1 Anforderungen an das entwickelte Radarsystem im Bereich Geländeüberwachung

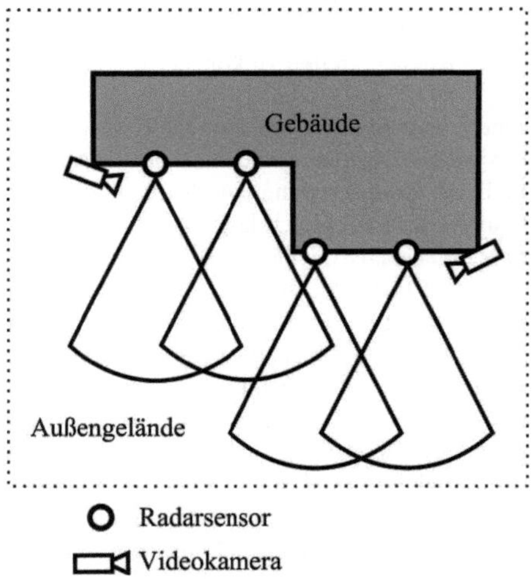

Abbildung 2.4: Systementwurf zur Geländeüberwachung

Das zu entwickelnde System im Bereich der Geländeüberwachung muss eine hohe Detektionsrate gewährleisten, was in diesem Fall bedeutet, dass jede Person, die sich in dem Beobachtungsbereich bewegt, auch einen Alarm auslösen muss. Gleichzeitig muss durch eine geeignete Klassifikation der Ziele eine große Sicherheit dieser Alarme garantiert werden, um die oben erwähnte niedrige Falschalarmrate zu erreichen. Dadurch, dass es nur zwei Klassen, „Alarm" und „kein Alarm", gibt, entspricht die Klassifikation im Prinzip einer zweiten Detektion, bei der in der Menge aller Sensorziele jene „detektiert" werden müssen, die durch Personen verursacht wurden.

Menschen sind im Vergleich zu üblichen Beobachtungsobjekten der Radartechnik, die eine metallische Oberfläche aufweisen, vergleichsweise schlechte Reflektoren. Um eine hohe Detektionsrate für Personen zu erreichen, muss deshalb die sensorinterne Detektionsschwelle relativ niedrig gewählt werden, so dass auch schwache Ziele berücksichtigt werden können. Dieses Vorgehen führt allerdings dazu, dass sich auch die Anzahl der unerwünschten Zieldetektionen erhöht. Da es sich bei den betrachteten Überwachungsbereichen um Außenbereiche handelt, müssen verschiedene Störeinflüsse berücksichtigt werden, die neben den Personen zu Detektionen führen können. Wie bereits erwähnt, sind Radarsensoren, was ihre Leistungsfähigkeit angeht, unempfindlich gegenüber Wettereinflüssen. Aber die niedrige Detektionsschwelle führt dazu, dass auch Wetterphänomene, wie Niederschlag, zu Zieldetektionen führen können, die auf geeignete Weise aussortiert werden müssen. Dieser Selektionsschritt sollte bereits früh stattfinden, da es sich hier um großflächig auftretende Phänomene mit vielen Detektionen handelt. Falls diese nicht vorsortiert werden, ist gegebenenfalls eine sinnvolle Weiterverarbeitung der Daten auf Grund ihrer Vielzahl nicht mehr möglich.
Zusätzlich zu den Wetterphänomenen können sich in den zu berücksichtigenden Bereichen auch verschiedene Tiere aufhalten. Je nach Größe und Körperbau können Tiere ähnliche Reflektionseigenschaften aufweisen wie Menschen, so dass es schwierig wird, die Entscheidung über die Zugehörigkeit der Detektionen zu einer der beiden Zielklassen nur auf der Detektionsebene zu fällen. Das bedeutet, dass die betreffenden Detektionen über einen längeren Zeitraum verfolgt werden müssen, um eine sichere Entscheidung treffen zu können. Die Beobachtung über mehrere Messzyklen stellt in diesem Fall eine zusätzliche Herausforderung dar.
Im Bereich der Radarsignalverarbeitung sind schon seit vielen Jahren Zielverfolgungsalgorithmen, so genannte Tracking-Algorithmen, bekannt. Diese Algorithmen bieten nicht nur den Vorteil, dass ein bestimmtes Ziel über längere Zeit verfolgt und somit weitere Eigenschaften für die Klassifikation extrahiert werden können, sondern sie unterstützen generell die Unterdrückung von Fehldetektionen, da sporadische Fehldetektionen nicht zu einer stabilen Zielspur, einem so genannten Track, führen. Allerdings sind die konventionellen Tracking-Filter auf Punktziele ausgelegt. Im Fall der Geländeüberwachung ist diese Annahme nicht mehr erfüllt. Menschen bewegen sich im Gegensatz zu herkömmlichen Beobachtungsobjekten der Radartechnik, wie Flugzeugen oder Fahrzeugen, nicht gleichförmig vorwärts. Eine Person besteht aus mehreren Gliedmaßen: Rumpf, Arme und Beine. Jedes dieser Körperteile kann sich mit einer anderen Geschwindigkeit bewegen, die nicht der Hauptbewegungsgeschwindigkeit der Person entsprechen muss. Aus diesem Grund handelt es sich sowohl bei Menschen als auch bei Tieren, um in Geschwindigkeit ausgedehnte Ziele. Das Radarsensoren Ziele nicht nur an Hand der Entfernung zueinander (Entfernungsauflösung), sondern gegebenfalls auch an Hand ihrer verschiedenen Geschwindigkeiten trennen können, führt dazu,

dass sich bei in Geschwindigkeit ausgedehnten Zielen mehrere Detektionen pro Ziel ergeben. Um diese Ziele über der Zeit verfolgen zu können, müssen Strategien entwickelt werden, um die zugehörigen Detektionen ohne Informationsverlust zusammenzufassen, so dass sie dem Tracking-Algorithmus zugeführt und ausgedehnte Ziele sinnvoll weiter verarbeitet werden können.
Ein weiterer Aspekt der Geländeüberwachung ist, dass es sich in den meisten Fällen um größere Bereiche handelt, die überwacht werden sollen. Die hier betrachteten Radarsensoren aus dem Automobilbereich haben je nach Bauform einen Öffnungswinkel zwischen $\pm 18\,^\circ$ bis $\pm 25\,^\circ$ und eine Reichweite zwischen 70 m und 100 m. Um eine größere Fläche überwachen zu können, müssen also mehrere Radarsensoren zu einem Netzwerk zusammen gefasst werden. Daraus resultiert zwar der zusätzliche Aufwand, dass die Ziellisten der verschiedenen Radarsensoren sinnvoll zusammengefasst werden müssen, aber gleichzeitig entsteht durch die Vernetzung ein Informationszuwachs. Durch die zentrale Sammlung der Messdaten aus dem gesamten beobachteten Bereich, können Informationen über die globalen Bedingungen im Netzwerk gewonnen werden, wie zum Beispiel das Wetter. So kann auf Störeinflüsse, die an mehreren Radarsensoren gleichzeitig auftreten, angemessen reagiert werden. Zusätzlich kann die Vernetzung in der Form genutzt werden, dass die Radarsensoren so angeordnet werden, dass sich ihre Beobachtungsbereiche teilweise überlappen. Somit ergibt sich die Möglichkeit, ein Objekt aus verschiedenen Aspektwinkeln beobachten zu können, wodurch sich die Wahrscheinlichkeit erhöht, dass das Ziel günstig zu mindestens einem der Radarsensoren steht, so dass sich die Detektionswahrscheinlichkeit erhöht. Gleichzeitig kann es sinnvoll sein, bestimmte Zonen im Sichtbereich eines der Radarsensoren zu desensibilisieren, sie aber gleichzeitig mit einem anderen Radarsensor mit der vollen Leistungsfähigkeit zu überwachen, so dass sich die Falschalarmwahrscheinlichkeit bei Aufrechterhaltung der Detektionswahrscheinlichkeit vermindern lässt.
Das hier betrachtete System hat also die Aufgabe, ein Außengelände zu überwachen mit einer hohen Detektionswahrscheinlichkeit von Personen bei einer gleichzeitig geringen Falschalarmrate. Dies wird dadurch erreicht, dass mehrere zu einem Netzwerk zusammengeschlossene Radarsensoren in einem großen Überwachungsbereich detaillierte Informationen von allen Reflektionsobjekten im Sichtbereich sammeln. An Hand dieser gesammelten Messdaten kann eine schrittweise Situationsanalyse durchgeführt werden, so dass am Ende nur noch die durch Menschen verursachten Detektionen übrig bleiben und zu einem Alarm führen.

2.3.2 Anforderungen an das entwickelte Radarsystem im Bereich Rollfeldüberwachung

Auch im Fall der Rollfeldüberwachung kommt dem Gesichtspunkt, dass mit einem Radarsensor detaillierte Informationen über die verschiedenen Reflektionsobjekte gesammelt werden können, eine hohe Bedeutung zu. Wie bereits erwähnt, können Radarsensoren nicht nur eine reine Detektionsmeldung abgeben, sondern auch die Position und die Geschwindigkeit der beobachteten Objekte bestimmen. Durch diesen Zuwachs an Informationen ist es möglich, dieses System nicht nur für die Unfallvermeidung auf dem Rollfeld zu nutzen, sondern zusätzlich Funktionalitäten zur Unterstützung der Verkehrsführung auf den Vorfeldern zur Verfügung zu stellen. So ist es zum Beispiel denkbar, die Stopbars bei kreuzendem Verkehr automatisch anzusteuern oder die bereits von einem Flugzeug überfahrenen Führungslichter abzuschalten, so dass für andere Piloten sofort ersichtlich ist, dass sie diesen Bereich momentan nicht befahren dürfen und gleichzeitig Energie gespart wird.

Für das zu entwickelnde System ergeben sich zum Teil ganz ähnliche Anforderungen wie im oben bereits beschriebenen Fall der Geländeüberwachung. Auch hier muss eine hohe Detektionsrate bei geringer Falschalarmrate garantiert werden. Allerdings gestaltet sich in diesem Fall die Aufgabe etwas einfacher, da die zu betrachtenden Objekte eine metallische Oberfläche besitzen und somit im Vergleich zu Menschen gute Reflektionseigenschaften aufweisen. Das hat zur Folge, dass die interne Detektionsschwelle des Radarsensors weniger sensibel eingestellt werden kann als im ersten Anwendungsbeispiel. Dadurch nimmt die Anzahl der möglichen Störeinflüsse schon stark ab. Hinzu kommt, dass nur ein begrenzter Bereich betrachtet werden muss, da sich die Bereiche von Interesse nur auf den Rollwegen befinden und somit zum Beispiel Detektionen von Randbewuchs an Hand des Auftrittortes ausgeblendet werden können. Trotzdem muss ein Tracking-Algorithmus auf die einzelnen Detektionen angewendet werden, um sporadische Fehldetektionen auszuschließen. Viel wichtiger ist aber in diesem Fall die Stabilisierung der Schätzung der Fahrzeugposition und -geschwindigkeit durch den Tracking-Algorithmus, da eine genaue Bestimmung dieser Größen benötigt wird, um entscheiden zu können, ob ein Fahrzeug bereits die Stopbar überquert hat oder kurz davor zum Stehen kommt. Um zusätzlich ermitteln zu können, auf welchem Abschnitt des Rollweges sich das Flugzeug genau befindet, ist es außerdem wichtig, die Ausdehnung des Flugzeuges zu erfassen.

Bei Flugzeugen handelt es sich mit Längen zwischen 20 m bis 80 m zweifellos um in Entfernung ausgedehnte Objekte. Da das Auflösungsvermögen der verwendeten Radarsensoren weit unter diesen Abmessungen liegt, werden Flugzeuge, genauso wie Personen, durch mehrere Detektionen repräsentiert. Wenn es sich um Propellerflugzeuge handelt, kann zusätzlich noch eine Ausdehnung in Ge-

schwindigkeit hinzukommen, da sich die Propellerblätter mit einer anderen Geschwindigkeit bewegen als der Rest des Flugzeuges. Wie bereits erwähnt, sind konventionelle Tracking-Algorithmen auf Punktziele ausgelegt und liefern in diesem Falle eine gute Schätzung der Position und Geschwindigkeit des beobachteten Objektes. Allerdings würde bei der Beschränkung auf ein Punktziel die Information über die Ausdehnung des Flugzeuges verloren gehen. Somit müssen auch hier Strategien entwickelt werden, um die ausgedehnten Ziele sinnvoll zusammenzufassen und dem Tracking-Algorithmus zuzuführen. Denn nur dann ist eine genaue Schätzung der Position, Ausdehnung und Geschwindigkeit des beobachteten Objektes möglich.
Wenn eine einzelne Stopbar überwacht werden sollte, könnte die Aufgabe gegebenenfalls mit einem einzelnen Sensor bewältigt werden. Um aber die oben beschriebene Zusatzfunktionalitäten anbieten zu können, müssen auch hier mehrere Radarsensoren verwendet werden, um einen größeren Bereich abdecken zu können. Neben der reinen Notwendigkeit führt dies auch dazu, dass Abschattungen bestimmter Gebiete im Beobachtungsbereich durch Flugzeuge oder andere große Objekte ausgeschlossen werden.
Auch das zweite vorgestellte System hat also die Aufgabe einen Außenbereich zu überwachen. Im Gegensatz zum ersten System handelt es sich bei den Zielen jedoch nicht um Personen, sondern um Flugzeuge. Auf Grund der guten Reflektionseigenschaften der Beobachtungsobjekte tritt in diesem Fall der Klassifikationsaspekt in den Hintergrund und wird durch die Anforderung, die Position, Ausdehnung und Geschwindigkeit exakt zu bestimmen, verdrängt. Die Herausforderung ist also, die ausgedehnten Objekte so zusammenzufassen und dem Tracking-Algorithmus zuzuführen, dass eine sinnvolle Schätzung der Position möglich ist, aber gleichzeitig die Information über die Ausdehnung erhalten bleibt. Genau wie bei der Geländeüberwachung werden auch hier mehrere Radarsensoren zu einem Netzwerk zusammengeschaltet, um einen größeren Bereich abdecken zu können. Auch in diesem Fall müssen die Ziellisten sinnvoll kombiniert werden, so dass ein Objekt ohne Unterbrechung und Genauigkeitsverlust durch das gesamte Netzwerk verfolgt werden kann.

Kapitel 3

Radarmesstechnik

Die Radarmesstechnik ist ein Messverfahren, bei dem eine elektromagnetische Welle ausgesendet und das von den Beobachtungsobjekten reflektierte Signal wieder empfangen wird. Durch eine geeignete Verarbeitung des Empfangssignals können die Entfernung, die radiale Geschwindigkeit und gegebenenfalls der azimutale Winkel der Beobachtungsobjekte bestimmt werden. In diesem Kapitel wird erläutert, wie diese Größen gemessen werden können. Außerdem werden Merkmale eingeführt, mit denen eine Aussage über die Qualität der Messung getroffen werden kann.

Radargeräte lassen sich an Hand der verwendeten Signalform in Pulsradare und Dauerstrichradare unterteilen. Wie der Name sagt, werden bei Pulsradaren einzelne Pulse ausgesendet, denen eine Empfangsphase folgt. Im Gegensatz dazu wird bei den Dauerstrichradaren ein kontinuierliches Signal ausgesendet, so dass parallel gesendet und empfangen wird. Bei Dauerstrichradaren ist es durch die Wahl einer geeigneten Modulation möglich, an Hand einer einzelnen Messung gleichzeitig Geschwindigkeit, Entfernung und azimutalen Winkel eines Objektes zu messen [RM08]. Auf Grund der daraus resultierenden Updaterate der Messwerte sind sie für die äußerst zeitkritische Anwendung in sicherheitsrelevanten Bereichen besonders geeignet. Im weiteren Verlauf des Kapitels werden zwei geeignete Modulationen mit den gewünschten Eigenschaften vorgestellt. Zunächst wird jedoch jeweils die dem Messverfahren zu Grunde liegende physikalische Größe für die jeweilige Messgröße beschrieben, um die generellen Grundlagen der Radarmesstechnik zu erläutern.

3.1 Radargleichung

Mit Hilfe der Radargleichung kann berechnet werden, wie groß die Leistung des Empfangssignals ist, wenn die ausgesendeten elektromagnetischen Wellen von einem Objekt in Entfernung R reflektiert werden, vgl. [Lud98]. Für die Herleitung wird davon ausgegangen, dass es sich um ein monostatisches Radar handelt. Das bedeutet, dass sich die Empfangs- und die Sendeantenne des Radarsenosrs an ein und derselben Stelle befinden. In diesem Spezialfall wird sogar vorausgesetzt, dass es sich hierbei um ein und die selbe Antenne handelt. Wenn es sich bei dieser Radarantenne um einen Kugelstrahler handelt, verteilt sich die Sendeleistung P_T auf eine Kugeloberfläche.

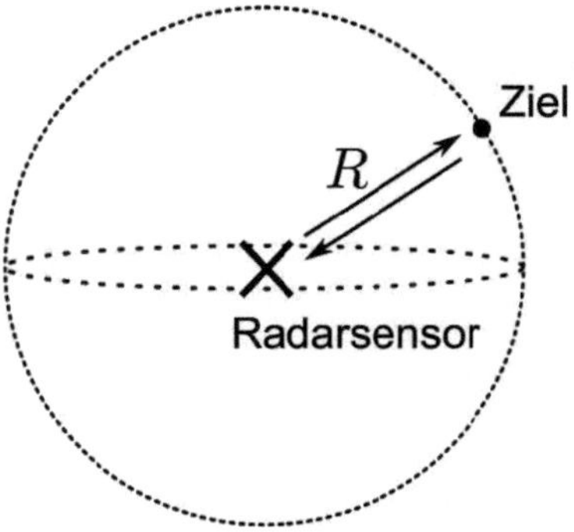

Abbildung 3.1: Ausbreitung der Sendeleistung auf einer Kugeloberfläche

Unter dieser Annahme ergibt sich für die Leistungsdichte S_T in der Entfernung R:

$$S_T = \frac{P_T}{4\pi R^2} \tag{3.1}$$

Die meisten Radarantennen besitzen aber eine Richtwirkung, die die abgestrahlte Leistung in eine Richtung bündelt. Diese Richtwirkung wird durch den sogenannten Antennengewinn G beschrieben:

$$G = \frac{P_{\text{Richtantenne}}}{P_T} \tag{3.2}$$

Damit wird für eine Antenne mit Antennengewinn G Gleichung 3.1 zu:

$$S_T = \frac{P_T \cdot G}{4\pi R^2} \tag{3.3}$$

Befindet sich ein Objekt im Abstand R von der Radarantenne in deren Hauptabstrahlrichtung, wird ein Teil der Leistung reflektiert. Wie groß die reflektierte Leistung ist, hängt von der effektiven Fläche σ des Objektes ab:

$$P_{\text{refl}} = S_T \cdot \sigma \tag{3.4}$$

Wiederum unter der Annahme, dass das Objekt die Leistung P_{refl} gleichmäßig in alle Richtungen abstrahlt, beträgt die Strahlungsdichte S_R am Ort der Radarempfangsantenne:

$$S_R = \frac{P_T \cdot G \cdot \sigma}{\left(4\pi R^2\right)^2} \tag{3.5}$$

Um aus der Strahlungsdichte die empfangene Leistung P_R berechnen zu können, muss die effektive Wirkfläche A der Antenne bekannt sein.

$$P_R = \frac{P_T \cdot G \cdot \sigma}{\left(4\pi R^2\right)^2} \cdot A_{\text{W}} \tag{3.6}$$

Die effektive Wirkfläche A_{W} ist proportional zum Gewinn G der Antenne und unabhängig von der Bauform der Antenne gilt:

$$\frac{A_{\text{W}}}{G} = \frac{\lambda^2}{4\pi} \tag{3.7}$$

mit

λ: Wellenlänge des Sendesignals

Da zu Beginn vorausgesetzt wurde, dass die Empfangs- gleich der Sendeantenne ist, ergibt sich aus Formel 3.7 und Formel 3.6 die sogenannte Radargleichung:

$$P_R = \frac{P_T G^2 \lambda^2 \sigma}{\left(4\pi\right)^3 R^4} \tag{3.8}$$

3.1.1 Radarrückstreuquerschnitt

Wie in Kapitel 2.3 angesprochen, können die verschiedenen Beobachtungsobjekte bezüglich der Radarstrahlung unterschiedliche Reflektionseigenschaften aufweisen. Wie viel Radarstrahlung ein Objekt reflektiert, hängt von mehreren Merkmalen ab. Einen starken Einfluss hat die generelle Beschaffenheit des Objektes, wie die Größe und das Material. Aber auch die Geometrie kann eine Rolle spielen, weshalb auch der Aspektwinkel, unter dem ein Objekt betrachtet wird, berücksichtigt werden muss. Die Wellenlänge λ der Radarstrahlung selbst hat ebenfalls Auswirkungen auf den Betrag der zurückgestrahlten Leistung.
In Gleichung 3.8 wurde bisher vorausgesetzt, dass das Objekt mit der Fläche σ die Empfangsleistung gleichmäßig in alle Richtungen reflektiert. In der Realität ist dies allerdings nicht der Fall. Um die Reflektionseigenschaften zu berücksichtigen, aber gleichzeitig auf einfache Weise die zu erwartende Empfangsleistung P_R berechnen zu können, wird eine zusätzliche Größe, der so genannte Radarrückstreuquerschnitt σ eingeführt.

Der Radarrückstreuquerschnitt σ setzt, ähnlich wie der Antennengewinn, das tatsächliche Objekt ins Verhältnis zu einem ideal isotrop abstrahlenden Objekt. Somit wird durch ihn die Fläche angegeben, die ein isotrop abstrahlendes Objekt haben müsste, damit am Radarempfänger genau die gleiche Empfangsleistung ankommt, wie im Fall des Beobachtungsobjektes selbst.
Durch den Radarrückstreuquerschnitt σ werden die Reflektionseigenschaften eines Objektes in einer Zahl zusammengefasst, so dass an Hand dieser Größe verschiedene Beobachtungsobjekte gut miteinander verglichen werden können.

3.2 Entfernungsmessung

Zur Bestimmung der Entfernung R wird die Laufzeit τ des Signals herangezogen. Indem die Zeit zwischen Aussendung des Signals und dem Empfang des reflektierten Signals gemessen wird, kann an Hand der bekannten Geschwindigkeit des Signals c die Entfernung zum Reflektionsobjekt bestimmt werden.

$$R = \frac{\tau \cdot c}{2} \tag{3.9}$$

Verdeutlicht werden kann dieses Messprinzip am besten am Beispiel eines Pulsradars, siehe Abb. 3.2.
Im Falle eines Continous-Wave (CW) Radars wird ebenfalls die Laufzeit τ gemessen, allerdings nicht direkt. Beispielsweise wird bei einem linear frequenzmodulierten (LFMCW) Radar ein Signal mit einer über der Bandbreite f_{Hub} stetig steigenden Frequenz ausgesendet, ein sogenannter „Chirp“. Dadurch erzeugt die Laufzeit τ einen Frequenzversatz f_R des Empfangssignals im Vergleich zum aktuellen Sendesignal, siehe Abb. 3.3.
Im Empfänger wird das Empfangssignal direkt mit der momentanen Sendefrequenz in das Basisband herunter gemischt. Nach dem Heruntermischen wird das kontinuierliche Zeitsignal mit einem A/D-Wandler digitalisiert, so dass sich N diskrete Abtastwerte ergeben. Anschließend kann durch eine Fourier-Transformation die resultierende Differenzfrequenz f_R und damit auch die Laufzeit τ bestimmt werden:

$$\frac{f_R}{f_{\text{Hub}}} = \frac{\tau}{T_{\text{Chirp}}} \tag{3.10}$$

$$\Rightarrow \tau = \frac{f_R}{f_{\text{Hub}}} \cdot T_{\text{Chirp}} \tag{3.11}$$

$$\Rightarrow R = \frac{c}{2} \frac{f_R}{f_{\text{Hub}}} \cdot T_{\text{Chirp}} \tag{3.12}$$

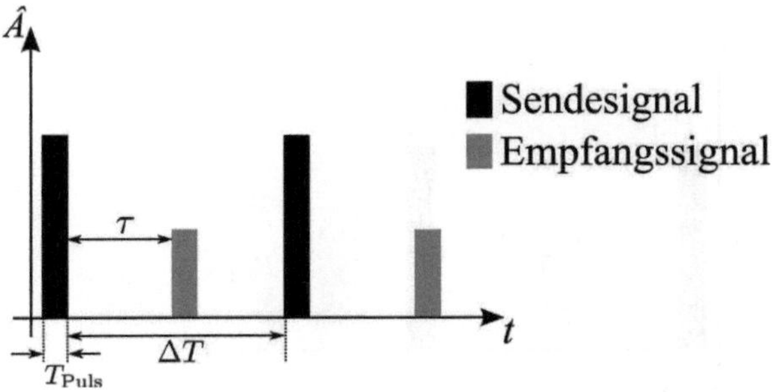

Abbildung 3.2: Entfernungsmessung beim Pulsradar

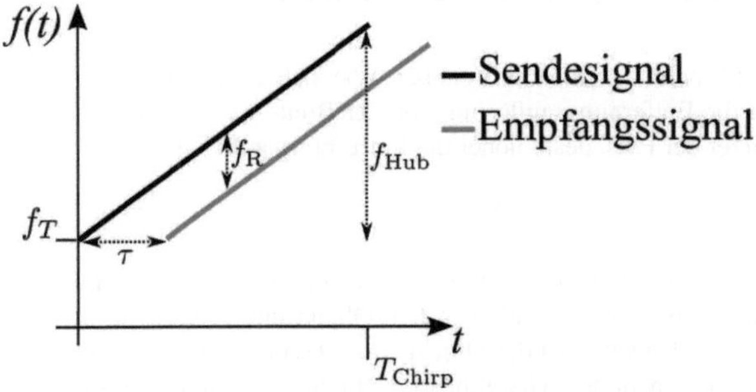

Abbildung 3.3: Entfernungsmessung bei einem LFMCW-Radar

3.2.1 Qualitätsmerkmale der Entfernungsmessung

Die Qualitätsmerkmale der Entfernungsmessung lassen sich gut an Hand eines Pulsradars erläutern. Eine wichtige Eigenschaft ist selbstverständlich die Genauigkeit der Messwerte. Mit dieser Größe wird angegeben, wie gut der gemessene dem tatsächlichen Wert entspricht. Im Fall der Radartechnik hängt die Genauigkeit ausschließlich vom Signal-Rausch-Abstand des Empfangssignals ab. Zu diesem offensichtlichen Qualitätsmerkmal kommen zwei weitere, die Aussagen über die Qualität der Entfernungsmessung zulassen. Zum einen wird zusätzlich die Entfernungsauflösung definiert. Sie gibt an, welchen Mindestabstand zwei Ziele haben müssen, damit sie voneinander unterschieden werden können, sprich: Damit sie zwei trennbare Detektionen erzeugen.
Die beiden Empfangspulse $P_{r,3}$ und $P_{r,4}$ in Abb. 3.4 können offensichtlich leicht von einander unterschieden werden. Die beiden Empfangssignale $P_{r,1}$ und $P_{r,2}$

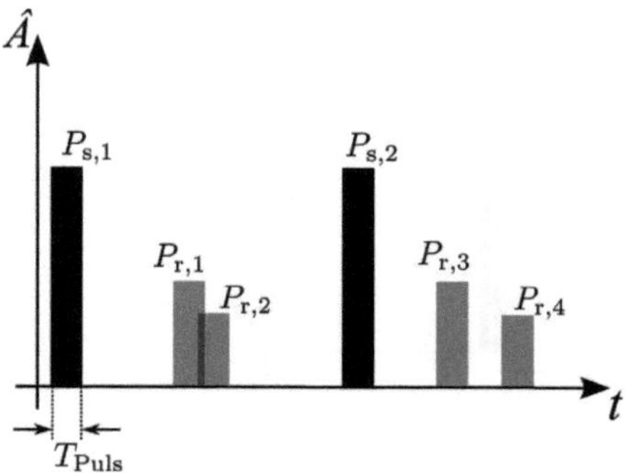

Abbildung 3.4: Entfernungsauflösung bei einem Pulsradar

jedoch sind nicht mehr voneinander trennbar. Wie sich anschaulich zeigt, hängt beim Pulsradar die Entfernungsauflösung von der Breite T_{Puls} der ausgesendeten Pulse ab. Je kürzer der Puls, desto höher die Entfernungsauflösung:

$$\Delta R = \frac{T_{\text{Puls}} \cdot c}{2} \tag{3.13}$$

Das letzte Qualitätsmerkmal ist die Entfernungseindeutigkeit. Sie beschreibt, bis zu welcher Entfernung der Abstand zwischen Objekt und Radargerät noch eindeutig bestimmt werden kann. Ist das Objekt zu weit entfernt, lässt sich das Empfangssignal $P_{r,1}$ nicht mehr dem Ursprungssendeimpuls $P_{s,1}$ zuordnen, siehe Abb. 3.5. Stattdessen wird der Empfangspuls bereits dem nachfolgenden Sendepuls $P_{s,2}$ zugeordnet, so dass anstatt der tatsächlichen Laufzeit τ eine um ΔT kürzere Laufzeit τ' gemessen wird. Wie man erkennen kann, ist somit die Entfernungseindeutigkeit vom Pulsabstand ΔT abhängig:

$$R_{\text{max}} = \frac{\Delta T \cdot c}{2} \tag{3.14}$$

Die gleichen Qualitätsmerkmale gelten entsprechend für CW-Radare. Hier leiten sie sich allerdings aus anderen Eigenschaften des Sendesignals und der anschließenden Signalverarbeitung ab. Die Entfernungsauflösung berechnet sich in diesem Fall allein aus der Frequenzauflösung δf_{FFT} der Signalverarbeitung. Für die Fast Fourier Transformation (FFT), vgl. [Fli91], ergibt sich in Abhängigkeit von der verwendeten Abtastrate f_a des A/D-Wandlers und der Anzahl der Abtastwerte der Abstand der resultierenden Frequenzbins zu:

$$\delta f_{\text{FFT}} = \frac{f_a}{N_a} = \frac{1}{T_{\text{Chirp}}} \tag{3.15}$$

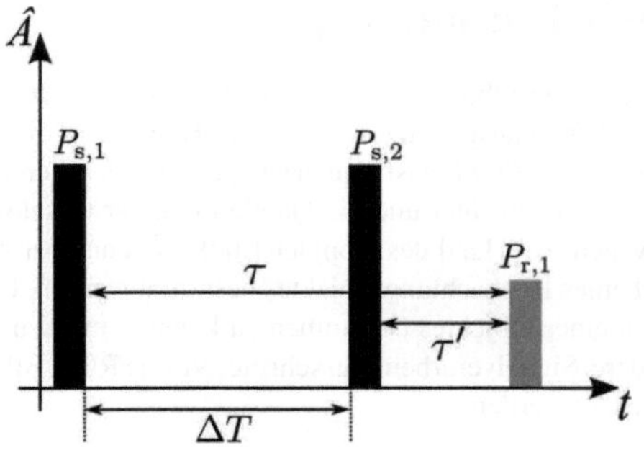

Abbildung 3.5: Entfernungseindeutigkeit bei einem Pulsradar

Der minimal auflösbare Abstand zweier Frequenzen bestimmt sich also alleine aus der Sendedauer T_{Chirp} des Signals. Wird die minimale Frequenzauflösung δf_{FFT} der FFT in Gleichung 3.12 eingesetzt, ergibt sich die Entfernungsauflösung eines LFMCW-Radars zu

$$\Delta R = \frac{c}{2}\frac{\delta f_{\text{FFT}}}{f_{\text{Hub}}} \cdot T_{\text{Chirp}} \tag{3.16}$$

$$\Rightarrow \Delta R = \frac{c}{2}\frac{1}{f_{\text{Hub}}} \tag{3.17}$$

und ist damit nur von der Bandbreite f_{Hub} des Sendesignals und nicht von der Beobachtungszeit T_{Chirp} abhängig.
Um eine Entfernung messen zu können, muss die zugehörige Frequenzverschiebung durch die FFT noch erfasst werden können. Die maximal messbare Frequenz entspricht hier der Abtastrate f_a des verwendeten A/D-Wandlers. Wenn diese Grenzfrequenz wiederum in Gleichung 3.12 eingesetzt wird, ergibt sich für die maximal messbare Entfernung:

$$R_{\text{max}} = \frac{c}{2}\frac{T_{\text{Chirp}}}{f_{\text{Hub}}} \cdot f_a \tag{3.18}$$

Bei der Dimensionierung eines Radarsystems ist jedoch bei der Festlegung der Abtastrate und damit des messbaren Entfernungsbereiches zu beachten, dass sich auch die Geschwindigkeit der Beobachtungsobjekte auf die gemessene Frequenz auswirkt, siehe Kapitel 3.3. Daraus folgt, dass die hier angegebene maximal messbare Entfernung nur für unbewegte Ziele gilt.

3.3 Geschwindigkeitsmessung

Um die Geschwindigkeit eines Objektes zu bestimmen, wird in der Radartechnik der sogenannte Doppler-Effekt ausgenutzt. Als Doppler-Effekt wird die Frequenzveränderung der gemessenen Empfangsfrequenz gegenüber der Sendefrequenz bezeichnet, wenn sich der Beobachter und die Quelle mit einer Geschwindigkeit v_r aufeinander zu bewegen. An Hand des Doppler-Effektes kann aber nur die radiale Geschwindigkeit eines Beobachtungsobjektes bestimmt werden. Um die absolute Geschwindigkeit eines Objektes bestimmen zu können, müssen Tracking-Algorithmen oder andere Signalverarbeitungsschritte, vgl. [FR06, BRR08], auf die Messwerte angewendet werden.

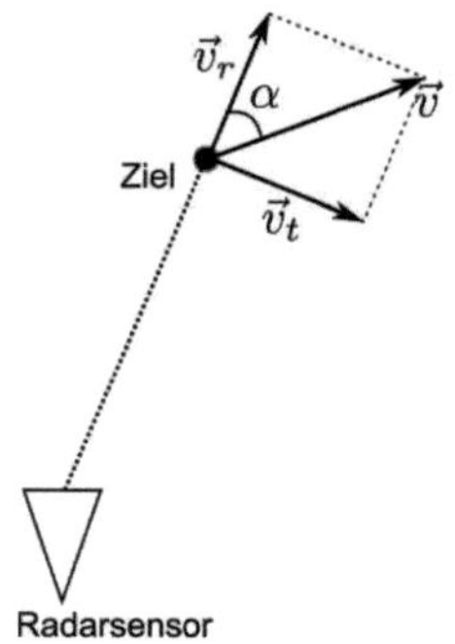

Abbildung 3.6: Zerlegung der Geschwindigkeit $\vec{v}$ in eine radiale und eine tangentiale Komponente

Der Geschwindigkeitsvektor $\vec{v}$ lässt sich in Bezug auf den Beobachter in eine radiale ($\vec{v}_r$) und eine tangentiale ($\vec{v}_t$) Komponente aufteilen.

$$\vec{v} = \vec{v}_r + \vec{v}_t \tag{3.19}$$

Wenn die Bewegungsrichtung, beschrieben durch den Winkel α zwischen der Beobachtungsrichtung und dem Geschwindigkeitsvektor $\vec{v}$, bekannt ist, können die Beträge der beiden Projektionen wie folgt berechnet werden:

$$|\vec{v_r}| = |\vec{v}| \cos \alpha \tag{3.20}$$

$$|\vec{v_t}| = |\vec{v}| \sin \alpha \tag{3.21}$$

Die geometrischen Zusammenhänge werden in Abb. 3.6 verdeutlicht.
Die radiale Komponente bewirkt im Empfangssignal eine Doppler-Verschiebung,

die sich zu

$$f_D = -\frac{2 \cdot v_r}{\lambda} = -\frac{2 \cdot v_r \cdot f_T}{c} \tag{3.22}$$

ergibt, wobei λ und f_T für die Wellenlänge bzw. die Trägerfrequenz des Sendesignals stehen. Abb. 3.7 verdeutlicht, wie sich der Doppler-Effekt auf das Empfangssignal eines monofrequenten CW-Radars auswirkt.

Abbildung 3.7: Geschwindigkeitsmessung mit einem CW-Radar

Wie bei der Signalverarbeitung des FM-CW-Radars zur Bestimmung der Entfernung, wird das Empfangssignal mit der Sendefrequenz in das Basisband abgemischt, so dass sich nach einer nachfolgenden Fourier-Transformation direkt die Doppler-Frequenz f_D ergibt.

3.3.1 Qualitätsmerkmale der Geschwindigkeitsmessung

Auch für die Geschwindigkeitsmessung können die drei Qualitätsmerkmale Genauigkeit, Auflösung und Eindeutigkeit definiert werden. Da für die in dieser Dissertation behandelten Applikationen ausschließlich CW-Radare betrachtet werden, beschränkt sich die Beschreibung der Qualitätskriterien auf diese Art von Signalformen.
Genau wie bei der Entfernungsmessung ist die Genauigkeit der Geschwindigkeitsmessung alleine vom Signal-Rausch-Abstand des Empfangssignals abhängig. Analog zur Entfernungsauflösung beschreibt die Geschwindigkeitsauflösung, wie groß der Unterschied der radialen Geschwindigkeiten zweier Beobachtungsobjekte sein muss, damit diese als zwei getrennte Objekte erkannt werden können. Da sich die radiale Geschwindigkeit wie die Entfernung in einer Frequenzverschiebung bemerkbar macht, hängt auch die Geschwindigkeitsauflösung von der Möglichkeit, zwei Frequenzen trennen zu können, ab. Wie schon für die Entfernungsmessung beschrieben, ergibt sich der minimale Unterschied zwischen zwei

Frequenzen zu $\delta f_{\text{FFT}} = \frac{1}{T_{\text{Chirp}}}$. Hiermit ergibt sich aus Gleichung 3.22

$$\Delta v_r = \frac{c}{2 \cdot f_T} \cdot \frac{1}{T_{\text{Chirp}}} \tag{3.23}$$

Die Geschwindigkeitsauflösung ist also abhängig von der Trägerfrequenz des Sendesignals f_T und der Beobachtungszeit T_{Chirp}.
Analog zur Entfernungseindeutigkeit wird auch der Geschwindigkeitsmessbereich durch die maximal eindeutig messbare Frequenz begrenzt. Die maximal durch die FFT eindeutig bestimmbare Frequenz ist weiterhin die Abtastrate des A/D-Wandlers. Somit ergibt sich der maximal messbare Betrag der radialen Geschwindigkeit mit Hilfe von Gleichung 3.22 zu:

$$|v_{r,\text{max}}| = \frac{c}{2 f_T} \cdot f_a \tag{3.24}$$

3.4 Gleichzeitige Messung von Geschwindigkeit und Entfernung

Wie die Herleitung der Messgrößen für das LFMCW-Radar gezeigt hat, schlagen sich sowohl die radiale Geschwindigkeit als auch die Entfernung eines Objektes zum Radarsensor in einer Frequenzdifferenz im Empfangssignal nieder. Das bedeutet, dass die am Ausgang der FFT bestimmte Differenzfrequenz Δf_{gesamt} sich aus einer Kombination der Doppler-Frequenz f_D und der durch die Entfernung erzeugten Frequenzverschiebung f_R ergibt. Für eine linear ansteigende Sendefrequenz erhält man die folgende Gleichung:

$$\Delta f_{\text{gesamt}} = f_R + f_D \tag{3.25}$$

$$= -\frac{R}{2c}\frac{f_{\text{Hub}}}{T_{\text{Chirp}}} - \frac{2 \cdot v_r \cdot f_T}{c} \tag{3.26}$$

Daraus folgt, dass unmöglich an Hand einer einzigen Messung festgestellt werden kann, wie weit ein bewegtes Objekt vom Radar entfernt ist und gleichzeitig wie schnell es sich bewegt. Auch bei einem Pulsradar ist dies nicht mit einer einzelnen Messung möglich, da eine Folge von Pulsen nötig ist, um die entsprechende Doppler-Frequenz aus der Amplituden-Modulation der aufeinander folgenden Empfangspulse zu bestimmen.
Im Fall des LFMCW-Radars kann diese Uneindeutigkeit aufgelöst werden, indem an den ersten Sendechirp ein zweiter mit entgegengesetzter Steigung angehängt wird.

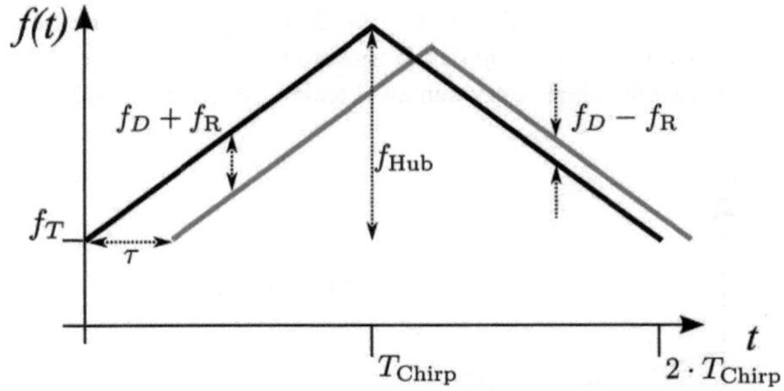

Abbildung 3.8: Frequenzschema eines LFMCW-Radars mit Up- und Down-Chirp

Wie Abb.3.8 zeigt, wirkt sich die Doppler-Verschiebung beim zweiten Chirp auf die gleiche Weise aus wie beim ersten Chirp. Aber die durch die Entfernung des Beobachtungsobjekts verursachte Frequenzverschiebung weist ein genau entgegengesetztes Vorzeichen auf. Dies bedeutet, dass die gesamte Frequenzverschiebung Δf_{gesamt} für den ersten Chirp wie in Gleichung 3.26 berechnet wird und für den zweiten Chirp mit einem geänderten Vorzeichen für den durch die Entfernung verursachten Anteil, so dass sich das folgende Gleichungssystem ergibt:

$$\Delta f_{\text{gesamt},1} = -\frac{R}{2c}\frac{f_{\text{Hub}}}{T_{\text{Chirp}}} - \frac{2 \cdot v_r \cdot f_T}{c} \quad (3.27)$$

$$\Delta f_{\text{gesamt},2} = \frac{R}{2c}\frac{f_{\text{Hub}}}{T_{\text{Chirp}}} - \frac{2 \cdot v_r \cdot f_T}{c} \quad (3.28)$$

Auf diese Weise erhält man wieder eine eindeutige Lösung für die beiden Messgrößen R und v_r. Grafisch kann dieses Vorgehen durch zwei Mehrdeutigkeitsgeraden in einem Entfernungs-Geschwindigkeits-Diagramm (R,v-Diagramm) dargestellt werden, siehe Abb. 3.9.
Der Schnittpunkt der beiden Geraden ergibt die eindeutige Lösung.

$$v_r = -\frac{c}{4 f_T} \cdot (\Delta f_{\text{gesamt},1} + \Delta f_{\text{gesamt},2}) \quad (3.29)$$

$$R = -\frac{c \cdot T_{\text{Chirp}}}{f_{\text{Hub}}} \cdot (\Delta f_{\text{gesamt},1} - \Delta f_{\text{gesamt},2}) \quad (3.30)$$

Dieses Vorgehen funktioniert allerdings nur in einer Einzielsituation. Wenn in Abb. 3.9 zwei entsprechende Geraden für ein zusätzliches Ziel hinzugefügt werden, ergeben sich mehrere Schnittpunkte, siehe Abb. 3.10, so dass in dieser Situation erneut keine eindeutige Zuordnung der Messwertpaare zu den Zielen möglich ist. Auf diese Weise entstehen neben den zwei realen Zielen zwei zusätzliche „Geisterziele".

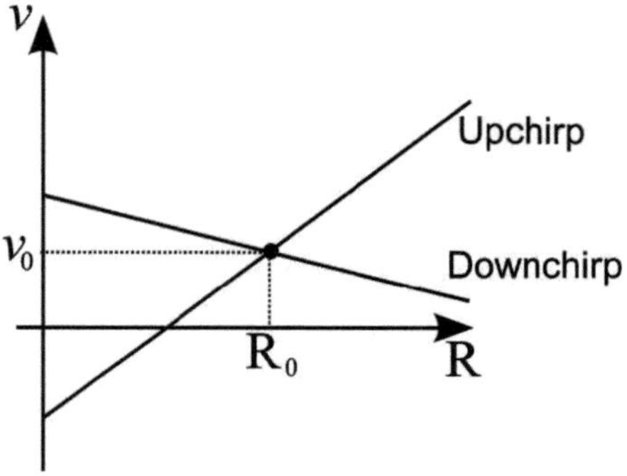

Abbildung 3.9: Auflösung der Mehrdeutigkeiten durch Up- und Down-Chirp im R,v-Diagramm

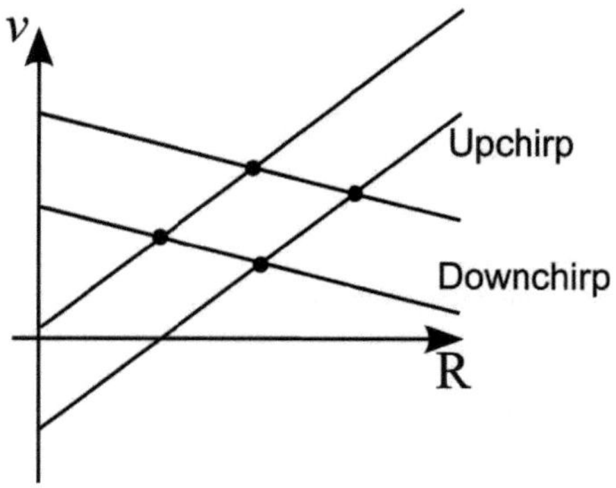

Abbildung 3.10: Mehrdeutigkeiten im R,v-Diagramm durch ein zusätzliches Ziel

Um diese Mehrdeutigkeit aufzulösen, bedarf es weiterer zusätzlicher Chirps mit anderen Steigungen, siehe Abb. 3.11. Die beiden zusätzlichen Chirps werden durch zwei zusätzliche Geraden pro Ziel im R,v-Diagramm repräsentiert. Da diese Geraden andere Steigungen als die bereits vorhandenen Geraden aufweisen,

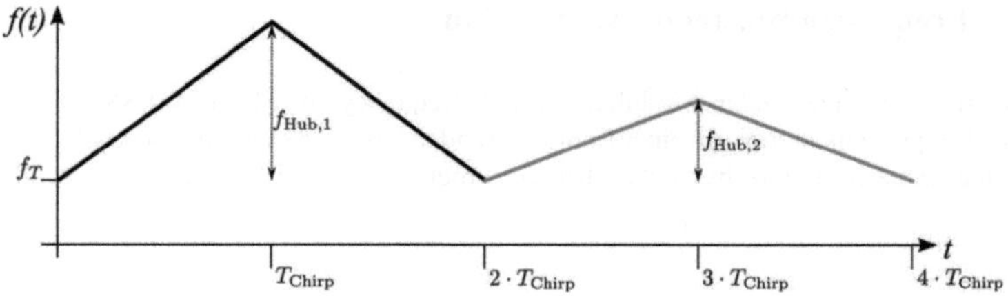

Abbildung 3.11: Erweiterung des Sendesignals um einen zusätzlichen Up- und Down-Chirp zur Auflösung von Mehrdeutigkeiten in Mehrzielsituationen

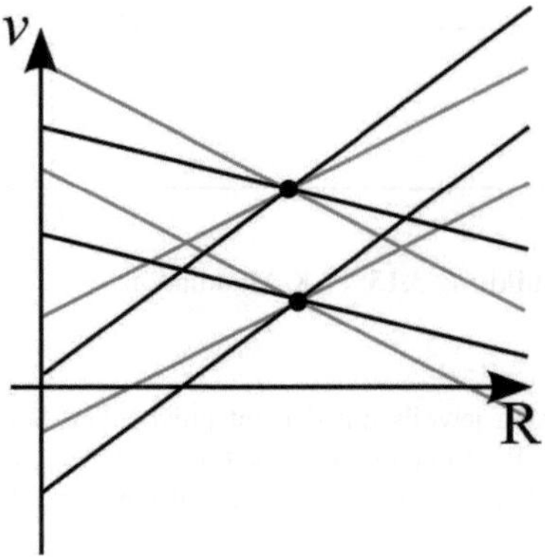

Abbildung 3.12: Auflösung der Mehrdeutigkeiten in Mehrzielsituationen im R,v-Diagramm

ergeben sich wieder zwei eindeutige Schnittpunkte, siehe Abb. 3.12.
Um die Geschwindigkeit und die Entfernung mehrerer Objekte gleichzeitig bestimmen zu können, muss demnach eine vervierfachte Messzeit in Kauf genommen werden. Wie bereits am Anfang des Kapitels erwähnt, ist für den Einsatz in sicherheitskritischen Bereichen jedoch eine kurze Messzeit extrem wichtig. Nur wenn in kurzer Zeit genügend Informationen gesammelt werden, um eine sichere Entscheidung treffen zu können, bleibt noch genügend Zeit für eine angemessene Reaktion. In diesem Kapitel sollen zwei weitere Modulationen für CW-Radare vorgestellt werden, die genau das leisten.

3.4.1 Frequenzumtastende Modulation

Bei der frequenzumtastenden Modulation (engl. frequency shift keying (FSK)) wird die Frequenz nicht in Form einer Rampe verändert, sondern es werden schnell hintereinander zwei unterschiedliche, diskrete Frequenzen gesendet, siehe Abb. 3.13.

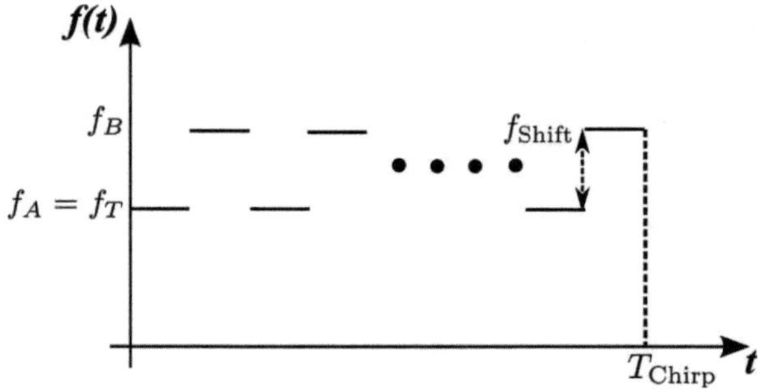

Abbildung 3.13: FSK-Modulation

Die Empfangssignale werden jeweils mit der entsprechenden Sendefrequenz in das Basisband abgemischt. Während der Verarbeitungszeit T_{Chirp} werden die heruntergemischten Basisbandsignale getrennt abgetastet und einer FFT zugeführt, siehe Abb. 3.14.
Nach der Frequenzanalyse wird ein Detektions-Algorithmus, siehe Kapitel 4.1, angewendet, um die Reflektionssignale vom Rauschen zu trennen. Da der Frequenzunterschied f_{Shift} zwischen den beiden Sendefrequenzen sehr klein ist, wird ein bewegtes Ziel nach der Frequenzanalyse für beide Sendefrequenzen auf dem gleichen Frequenz-Bin einen Peak erzeugen:

$$f_{D,1} = f_{D,2} = -\frac{2 \cdot v_r \cdot f_T}{c} \tag{3.31}$$

Da bei den zwei monofrequenten Sendesignalen kein Frequenzversatz im Empfangssignal durch die Entfernung erzeugt wird, lässt sich diese nicht direkt aus der Frequenz des Empfangssignals bestimmen. Die Phasenlagen der beiden Empfangssignale sind jedoch unterschiedlich. Aus der Phasendifferenz zwischen den

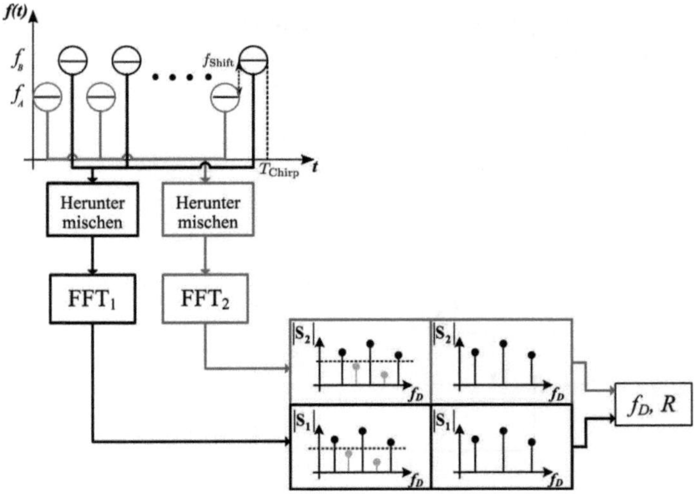

Abbildung 3.14: Signalverarbeitung eines FSK-Radars

beiden Empfangssignalen ergibt sich die Entfernung zu:

$$\begin{aligned}\Delta\phi &= 2\pi f_{\text{Shift}} \cdot \tau \\ &= 4\pi f_{\text{Shift}} \cdot \frac{R}{c} \end{aligned} \tag{3.32}$$

$$\Rightarrow R = \frac{c}{4\pi f_{\text{Shift}}} \cdot \Delta\phi \tag{3.33}$$

Dies hat zur Folge, dass die frequenzumtastende Modulation über keine Entfernungsauflösung verfügt. Im Falle von stationären Zielen wirkt sich dies besonders stark aus, da diese alle in einem einzelnen Peak auf dem gleichen Frequenzbin resultieren. Somit können stationäre Ziele mit dieser Signalform nicht gemessen werden. Die Berechnung der Geschwindigkeitsauflösung Δv_r und -eindeutigkeit v_{max} erfolgt genau wie bei einem monofrequenten CW-Radar, vgl. Gleichung 3.23 und Gleichung 3.24. Die eindeutig messbare Entfernung ergibt sich hier aus der Eindeutigkeit des Phasenunterschiedes zu:

$$\begin{aligned}R_{\text{max}} &= \frac{2\pi \cdot c}{4\pi f_{\text{Shift}}} \\ &= \frac{c}{2 \cdot f_{\text{Shift}}} \end{aligned} \tag{3.34}$$

3.4.2 Kombination von frequenzumtastender und linearer Modulation

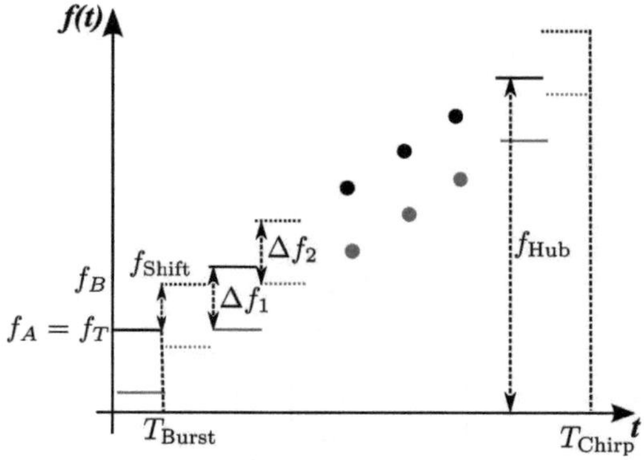

Abbildung 3.15: LFMSK-Modulation

Ein linear frequenzmoduliertes Sendesignal hat den Nachteil einer langen Sendezeit, wenn mehrere bewegte Ziele aufgelöst werden müssen. Ein frequenzumtastendes Sendesignal kann zwar innerhalb eines Sendezyklus die bewegten Ziele an Hand ihrer Geschwindigkeit eindeutig trennen, verfügt aber über keine Entfernungsauflösung. Wenn diese beiden Sendeverfahren miteinander kombiniert werden, ergibt sich ein Signal, das die Vorteile, nicht aber die Nachteile der beiden Modulationsformen aufweist, vgl. [MR00]. Dieses Verfahren wird als LFMSK (engl. linear frequency modulated shift keying) bezeichnet.

Beim LFMSK werden zwei Frequenzrampen ineinander verwoben. Anstatt wie beim linear frequenzmodulierten Verfahren zwei Frequenzrampen hintereinander zu senden, werden zwei Rampen parallel gesendet, wobei sie sich geringfügig in der Frequenz unterscheiden, siehe Abb. 3.15. Anstatt zwei kontinuierliche Rampen zu senden, werden pro Rampe N diskrete Frequenzen mit einer jeweiligen Sendezeit von T_{Burst} gesendet.

Nachdem das Empfangssignal in das Basisband abgemischt wurde, werden für beide Sendesignale getrennt jeweils N Abtastwerte einer Frequenzanalyse (FFT) unterzogen. Der Frequenzunterschied f_{Shift} zwischen den beiden Sendefrequenzen $f_A = f_T$ und f_B wird so klein gewählt, dass er unterhalb der Frequenzauflösung des Systems liegt. Dadurch wird auch hier, wie bei der frequenzumtastenden Modulation, für ein Ziel in beiden Sendefrequenzen die gleiche Differenzfrequenz gemessen, so dass beide auf dem selben Frequenzbin κ einen Peak aufweisen:

$$\kappa_1 = \kappa_2 = \kappa = -\frac{2f_T}{c} \cdot v_r \cdot T_{\text{Burst}} \cdot (N_a - 1) - \frac{2R}{c} f_{\text{Hub}} \tag{3.35}$$

Wenn aber zusätzlich der durch den Frequenzunterschied f_{Shift} hervorgerufene Phasenunterschied zwischen den beiden Empfangssignalen bestimmt wird, ergibt sich eine zweite Gleichung, die auch von der Entfernung und der Geschwindigkeit des Zieles abhängt:

$$\Delta\phi = -\frac{4\pi}{c} \left(f_T \cdot v_r \cdot T_{\text{Burst}} + R \cdot f_{\text{Shift}} \right) \tag{3.36}$$

Wenn diese beiden Gleichungen als Geraden im R,v-Diagramm dargestellt werden, wie in Abb. 3.16 gezeigt, ergibt sich ein Schnittpunkt, der die eindeutige Lösung verdeutlicht.

$$R = \frac{c}{\pi} \cdot \frac{\Delta\phi \cdot (N_a - 1) + 2\pi \cdot \kappa}{4 \cdot f_{\text{Shift}} \cdot (N_a - 1) - f_{\text{Hub}}} \tag{3.37}$$

$$v_r = \frac{c}{4\pi \cdot f_T \cdot T_{\text{Burst}}} \cdot \frac{2\pi \cdot \kappa \cdot f_{\text{Shift}} + \Delta\phi \cdot f_{\text{Hub}}}{f_{\text{Hub}} - (N_a - 1) f_{\text{Shift}}} \tag{3.38}$$

Geisterziele durch mehrere Schnittpunkte, wie im Fall des LFMCW-Radars können hier nicht entstehen, da der gemessene Phasenunterschied $\Delta\phi$ direkt einer Frequenz Δf zugeordnet ist.

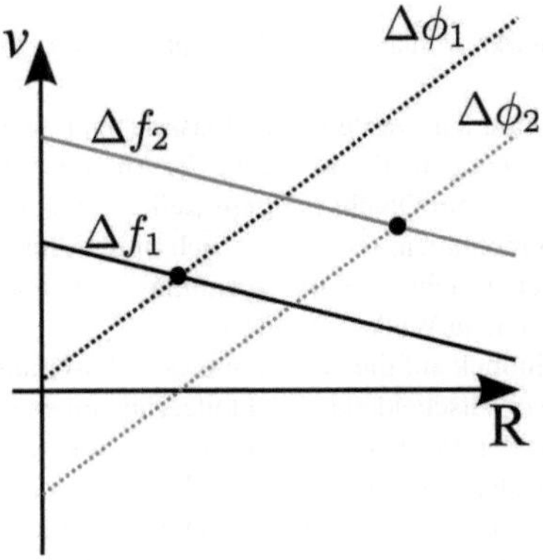

Abbildung 3.16: Auflösung von Mehrdeutigkeiten im R,v-Diagramm beim LMFSK-Signal

Mit der LMFSK-Signalform lassen sich somit gleichzeitig bei kurzer Sendezeit Mehrdeutigkeiten vermeiden und Ziele sowohl nach Geschwindigkeit als auch nach Entfernung trennen.
Auch hier berechnen sich die Geschwindigkeitsauflösung Δv_r und -eindeutigkeit $v_{\max}$ wie bei einem monofrequenten CW-Radar, vgl. Gleichung 3.23 und Gleichung 3.24. Für die Entfernungsauflösung ΔR ergibt sich die selbe Gleichung wie für ein linear frequenzmodulierten Signal, vgl. Gleichung 3.17, und für die Entfernungseindeutigkeit $R_{\max}$ wie für ein FSK-Signal, vgl. Gleichung 3.34.

3.5 Messung des azimutalen Winkels

Um die Position eines Objekts an Hand von Polarkoordinaten in einer zweidimensionalen Ebene zu beschreiben, wird neben der Entfernung R auch der azimutale Winkel γ zwischen Radarsensor und Objekt benötigt, siehe Abb.3.17.

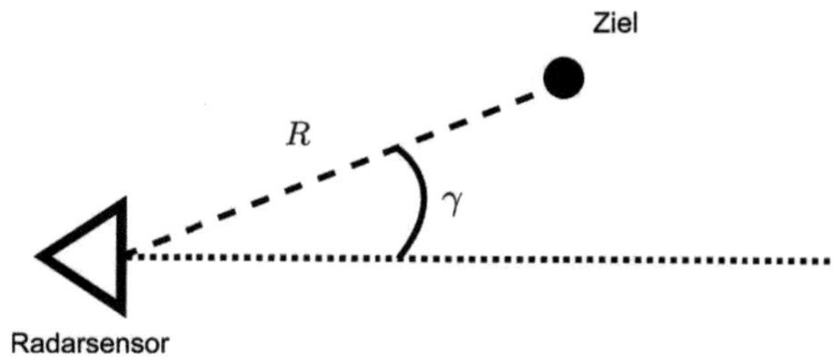

Abbildung 3.17: Polarkoordinaten R und γ relativ zum Radarsensor

Um diesen Winkel γ zu bestimmen, werden in der klassischen Radartechnik rotierende Antennen verwendet. Durch die Richtwirkung der Antenne werden während eines Antennenumlaufs von einem Objekt mehrere Reflektionen mit verschiedenen Empfangsamplituden empfangen, so lange es sich in der Antennenkeule befindet. Durch Verwendung eines Schwerpunktalgorithmus oder anderer geeigneter Verfahren lässt sich der azimutale Winkel γ schätzen.
Dieses Verfahren hat im Hinblick auf die beiden in dieser Dissertation vorgestellten Anwendungsgebiete zwei entscheidende Nachteile. Zum einen werden mehrere Messzyklen benötigt, um den Winkel genau bestimmen zu können. Zum anderen wäre ein Rotieren der Radarsensoren von Nachteil, da dann nicht das gesamte Beobachtungsgebiet permanent überwacht würde. Diese Punkte widersprechen der Vorgabe in zeitkritischen Situationen möglichst schnell möglichst viele Informationen über das Objekt zu sammeln, um eine sichere Entscheidung fällen zu können.

Bei den verwendeten Radarsensoren wird deshalb zur Bestimmung des azimutalen Winkels γ das sogenannte Monopuls-Verfahren verwendet, vgl. [OFR05]. Mit Hilfe dieser Technik kann mit einer einzigen Messung der Winkel γ bestimmt werden. Das Monopuls-Verfahren arbeitet mit zwei Antennen, die entweder unterschiedliche Antennenkeulen besitzen oder leicht versetzt zueinander angebracht sind. Die Empfangssignale an den beiden Antennen können entweder nach dem Amplituden- oder dem Phasenmonopulsverfahren ausgewertet werden.

3.5.1 Amplitudenmonopuls

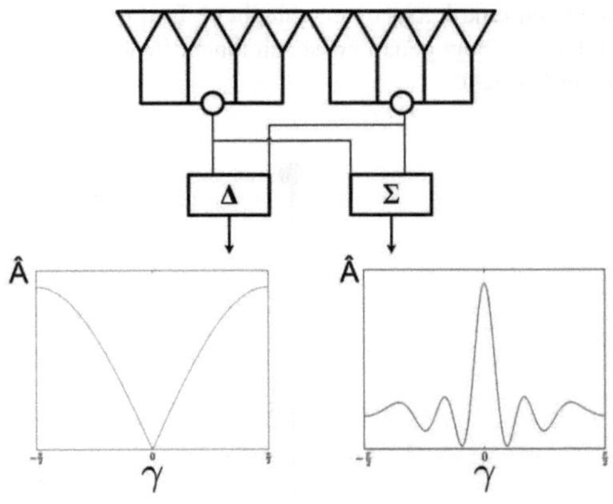

Abbildung 3.18: Amplitudenmonopulsverfahren mit Summen- und Differenzdiagramm

Beim Amplitudenmonopulsverfahren wird die Empfangsantenne in zwei Teile unterteilt. Durch die sich dadurch ergebenden zwei unterschiedlichen Antennenkeulen empfangen die beiden getrennten Empfangskanäle unterschiedliche Amplituden des selben Ziels in Abhängigkeit des Beobachtungswinkels. Von diesen beiden Antennenelementegruppen wird nicht nur der Summen-, sondern auch der Differenzkanal gebildet, siehe Abb. 3.18. Wenn das Objekt sich genau auf der Symmetrieachse zwischen den beiden Antennenelementegruppen befindet, wird im Summenkanal ein Maximum beobachtet und für den Differenzkanal ergibt sich eine Null. Befindet sich das Objekt links oder rechts neben der Symmetrieachse, vermindert sich der Wert des Summenkanals und der Wert des Differenzkanals wandert je nach Richtung entweder in den positiven oder den negativen Bereich. Durch Bildung des Verhältnisses aus dem Differenz- und dem Summensignal, ergibt sich das zum azimutalen Winkel γ proportionale Fehlersignal:

$$\epsilon(\gamma) = \frac{\Delta}{\Sigma} \tag{3.39}$$

an Hand dessen sich der azimutale Winkel γ schätzen lässt.

3.5.2 Phasenmonopuls

Im Gegensatz dazu wird beim Phasenmonopuls nicht eine Antenne unterteilt, sondern es werden zwei Empfangsantennen verwendet, vgl. [BBP98, BBP01]. Die beiden Antennen liegen dicht nebeneinander ($d \approx 0{,}5\lambda$). Durch die örtliche Trennung haben beide Antennen eine leicht unterschiedliche Entfernung zum beobachtenden Ziel, es sei denn, es liegt genau zwischen ihnen. In Abb. 3.19 wird der geometrische Aufbau verdeutlicht.

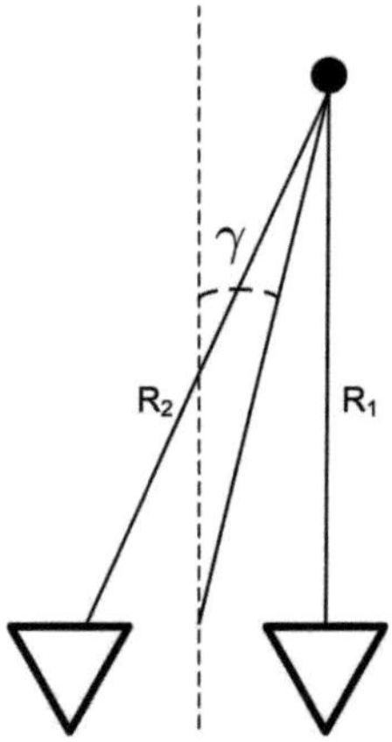

Abbildung 3.19: Geometrischer Aufbau beim Phasenmonopuls mit zwei Empfangsantennen

Die Signalverarbeitung wird an beiden Antennen getrennt durchgeführt, siehe Abb. 3.20. Durch die leicht unterschiedliche Entfernung kommt es zu einer Phasendifferenz zwischen den Empfangssignalen:

$$\begin{aligned}\Delta\phi &= \frac{2\pi}{\lambda} \cdot (R_1 - R_2) \\ &= \frac{2\pi}{\lambda} \cdot d \cdot \sin(\gamma)\end{aligned} \tag{3.40}$$

Diese Phasendifferenz $\Delta\phi$ kann auch durch Bildung eines Verhältnisses des Summen- und Differenzterms der beiden komplexen Empfangssignale berechnet werden. Das komplexe Empfangssignal A der ersten Antenne ergibt sich aus dem komplexen Empfangssignal B der zweiten Antenne nur durch die Phasenverschiebung $\Delta\phi$

$$A = B \cdot e^{-j\Delta\phi} \tag{3.41}$$

Somit ergeben sich der Summen- und der Differenzterm zu

$$\sum = B(1 + e^{-j\Delta\phi}) \tag{3.42}$$

$$\Delta = B(1 - e^{-j\Delta\phi}) \tag{3.43}$$

Durch Bildung des Quotienten

$$\frac{\Delta}{\sum} = \tan\left(\frac{\Delta\phi}{2}\right) \tag{3.44}$$

erhält man die Differenzphase $\Delta\Phi$ und kann mit Hilfe von Gleichung 3.40 den azimutalen Winkel γ bestimmen.

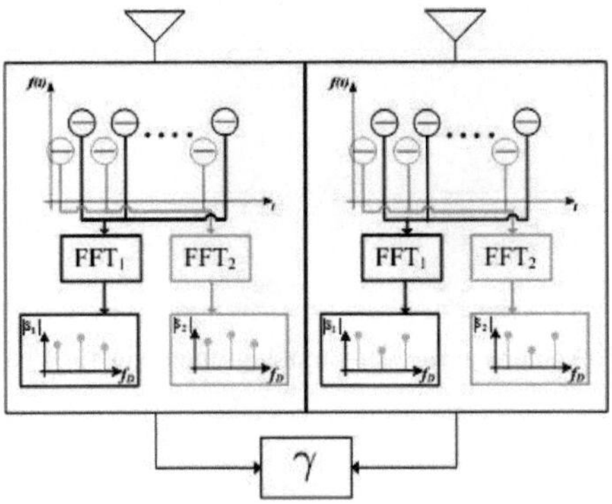

Abbildung 3.20: Signalverarbeitung beim Phasenmonopuls (exemplarisch für ein FSK-Signal)

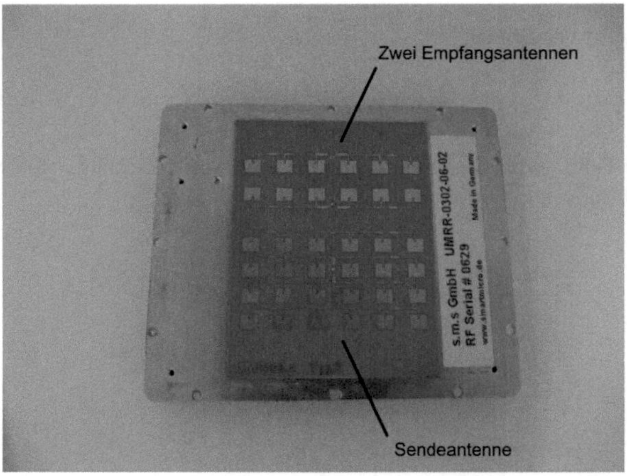

Abbildung 3.21: Patch-Antenne mit zwei Empfangsantennen für Phasenmonopuls

Kapitel 4

Radarsignalverarbeitung

Bei den in dieser Arbeit beschriebenen Anwendungen in sicherheitskritischen Bereichen steht die Entscheidung, ob das empfangene Signal durch die Reflektion an einem relevanten Objekt erzeugt wurde, im Vordergrund. Um aber von dem reinen Empfang eines Signals zu dieser Entscheidung kommen zu können, sind mehrere Verarbeitungsschritte notwendig. Diese Signalverarbeitungskette soll in diesem Kapitel für die klassische Radartechnik beschrieben werden.
Zunächst muss entschieden werden, ob es sich bei den Signalen auf den einzelnen Frequenzbins der FFT um eine empfangene Reflektion oder lediglich um Rauschen handelt. Hierfür muss ein geeigneter Detektionsalgorithmus verwendet werden, siehe Kapitel 4.1. Die später beschriebenen, speziellen Signalverarbeitungsschritte für die beiden vorgestellten Anwendungen, siehe Kapitel 6, setzen zwar erst auf den Detektionen auf, da sich jedoch der Detektionsalgorithmus direkt auf die nachfolgenden Verarbeitungsschritte auswirkt, wird die Theorie in diesem Kapitel trotzdem beschrieben. Bei den vorliegenden Detektionen kann es sich immer noch entweder um Nutz- oder Störsignale handeln, letztere z.B. durch ortsfeste Objekte. Diese Störsignale werden auch als „Clutter“ bezeichnet. Um eine Überlastung der nachfolgenden Verarbeitungsschritte zu verhindern, wird der Clutter durch eine „Clutterverarbeitung“ herausgefiltert, siehe Kapitel 4.2. Eine einzelne Momentaufnahme, sprich eine Messung, und die Clutterunterdrückung reichen allerdings in den meisten Fällen nicht aus, um die detektierten Ziele endgültig zu klassifizieren. Deshalb ist es nötig, die Ziele über der Zeit zu verfolgen. Dies geschieht durch sogenannte Tracking-Algorithmen, siehe Kapitel 4.3.

4.1 Detektion

Der Detektion kommt die Aufgabe zu, die Ziele von Rauschen zu unterscheiden. Diese Entscheidung wird gefällt, indem die Leistung des empfangenen Signals

mit einer vorher definierten Schwelle verglichen wird. Die Leistungsfähigkeit der Detektion wird durch zwei statistische Größen beschrieben, die Detektionswahrscheinlichkeit P_{D} und die Falschalarmwahrscheinlichkeit P_{FA}.
Die Detektionswahrscheinlichkeit beschreibt, mit welcher Wahrscheinlichkeit ein Ziel im Rauschen entdeckt wird:

$$P_{\mathrm{D}} = \frac{N_{\mathrm{D,true}}}{N_{\mathrm{ges,true}}} \tag{4.1}$$

wobei

$$\begin{aligned} N_{\mathrm{D,true}}&: \text{Anzahl der detektierten Ziele} \\ N_{\mathrm{ges,true}}&: \text{Anzahl der vorhandenen Ziele} \end{aligned} \tag{4.2}$$

Die Falschalarmwahrscheinlichkeit beschreibt, mit welcher Wahrscheinlichkeit bei Rauschen auf ein Ziel entschieden wird:

$$P_{\mathrm{FA}} = \lim_{N\mathrm{ges}\to\infty} \frac{N_{\mathrm{D,false}}}{N_{\mathrm{ges}}} \tag{4.3}$$

wobei

$$\begin{aligned} N_{\mathrm{D,false}}&: \text{Anzahl der durch Rauschen verursachten Detektionen} \\ N_{\mathrm{ges}}&: \text{Anzahl der Messungen} \end{aligned} \tag{4.4}$$

Als Empfänger wird im Radargerät ein Quadraturdemodulator verwendet, siehe Abb. 4.1. Falls nur Rauschen am Empfänger vorhanden ist, können der Real- und der Imaginärteil des komplexen Empfangssignals durch zwei statistisch unabhängige, Gaussverteilte Zufallsgrößen x_1,x_2 beschrieben werden, vgl. [OL02]:

$$p(x_1) = p(x_2) = p(x) = \frac{1}{\sqrt{2\pi N}} e^{-\frac{x^2}{2N}} \tag{4.5}$$

N steht hier für die Rauschleistung. Um das gesamte komplexe Signal zu betrachten, muss die Verbundwahrscheinlichkeitsdichte der beiden Zufallsgrößen gebildet werden. Da die beiden Zufallsgrößen statistisch unabhängig von einander sind, ergibt sich diese aus dem Produkt der beiden Dichtefunktionen zu:

$$p(x_1,x_2) = \frac{1}{2\pi N} e^{-\frac{x_1^2+x_2^2}{2N}} \tag{4.6}$$

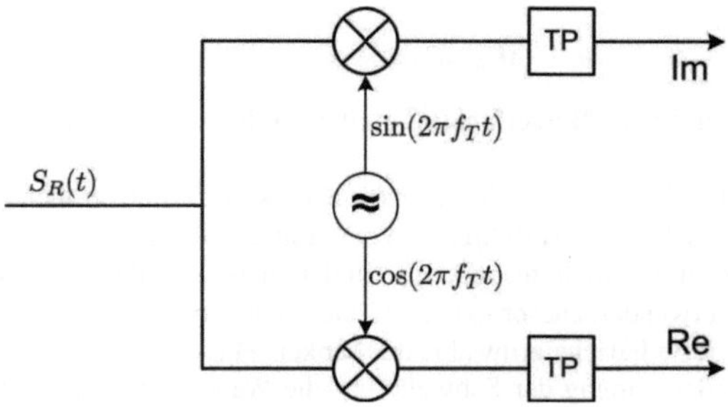

Abbildung 4.1: Quadraturdemodulator

Sobald am Empfänger nicht nur Rauschen vorliegt, sondern Rauschen plus ein Ziel, verschieben sich die Wahrscheinlichkeitsdichtefunktionen um das Nutzsignal, so dass die vorliegende Normalverteilung nicht mehr mittelwertfrei ist:

$$p(x_1) = \frac{1}{\sqrt{2\pi N}} e^{-\frac{(x_1-a_1)^2}{2N}} \tag{4.7}$$

$$p(x_2) = \frac{1}{\sqrt{2\pi N}} e^{-\frac{(x_2-a_2)^2}{2N}} \tag{4.8}$$

wobei a für die Leistung des Nutzsignals steht. Auf Grund der statistischen Unabhängigkeit kann auch hier die Verbundwahrscheinlichkeitsdichte durch Multiplikation der beiden Wahrscheinlichkeitsdichtefunktionen gebildet werden:

$$p(x_1,x_2) = \frac{1}{2\pi N} e^{-\frac{(x_1-a_1)^2+(x_2-a_2)^2}{2N}} \tag{4.9}$$

Für die Detektionsentscheidung wird der Betrag des komplexen Eingangssignals betrachtet. Um den Betrag des Basisbandsignals statistisch zu beschreiben, müssen die beiden Verbundwahrscheinlichkeitsdichtefunktionen, 4.6 und 4.9, von den kartesischen Koordinaten (x_1,x_2) in Polarkoordinaten (r,α) transformiert werden. Nach Durchführung der Transformation erhält man für den Fall, dass nur Rauschen vorliegt, für den Betrag r eine Rayleigh-Verteilung:

$$p(r|\text{Rauschen}) = \frac{r}{N} e^{-\frac{r^2}{2N}} \tag{4.10}$$

Unter der Bedingung, dass ein Ziel additiv überlagert mit Rauschen vorliegt, ergibt sich eine Rice-Verteilung für den Betrag r:

$$p(r|\text{Ziel}) = \frac{r}{N} e^{-\frac{r^2+A^2}{2N}} I_0\left(\frac{rA}{N}\right) \tag{4.11}$$

mit

$$A^2 = a_1^2 + a_2^2$$

$I_0\left(\frac{rA}{N}\right)$ steht hierbei für die Besselfunktion nullter Ordnung mit dem Argument $\frac{rA}{N}$, vgl. [BS91].
Bei bekannten Wahrscheinlichkeitsdichtefunktionen zweier Zufallsgrößen gibt es in der Stochastik verschiedene Verfahren, um eine Entscheidungsschwelle festzulegen, vgl. [Kay93]. In der Radartechnik wird in den meisten Fällen ein Neyman-Pearson-Detektor verwendet. Dieser spezielle Detektor legt die Detektionsschwelle fest, indem eine feste Falschalarmwahrschinlichkeit P_{FA} vorgegeben wird. Das bedeutet, dass zur Berechnung der Schwelle nur die Wahrscheinlichkeitsdichtefunktion des Rauschens betrachtet werden muss. In Abb. 4.2 ist die Falschalarmwahrscheinlichkeit bei einer festgelegten Schwelle S durch die straffierte Fläche unterhalb der Kurve beschrieben. Sie kann somit mit Hilfe eines Integrals berechnet werden:

$$P_{\text{FA}} = \int_S^\infty \frac{r}{N} e^{-\frac{r^2}{2N}} \qquad (4.12)$$

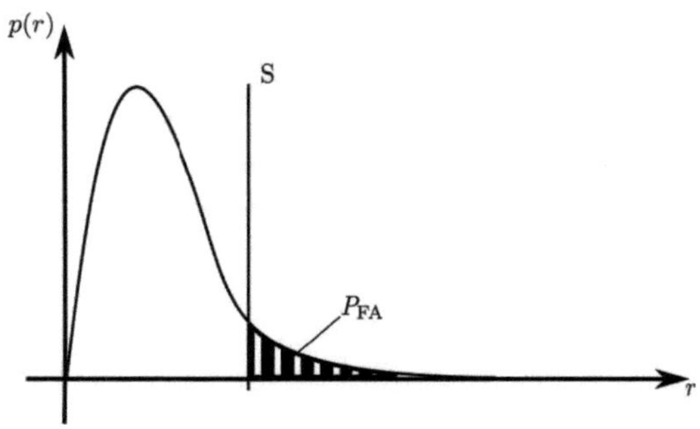

Abbildung 4.2: Falschalarmwahrscheinlichkeit bei einer rayleighverteilten Zufallsvariable r und festgelegter Schwelle S

Wenn eine feste Falschalarmwahrscheinlichkeit vorgeben werden soll, berechnet sich die Schwelle S also wie folgt:

$$\Rightarrow S = \sqrt{-2 \cdot N \ln(P_{\text{FA}})} \qquad (4.13)$$

Die Detektionswahrscheinlichkeit P_{D} wird in diesem Fall in Abb. 4.3 durch die straffierte Fläche unterhalb der Rice-Verteilung beschrieben.
Um auf diese Weise die Schwelle S zu berechnen, muss die Rauschleistung N

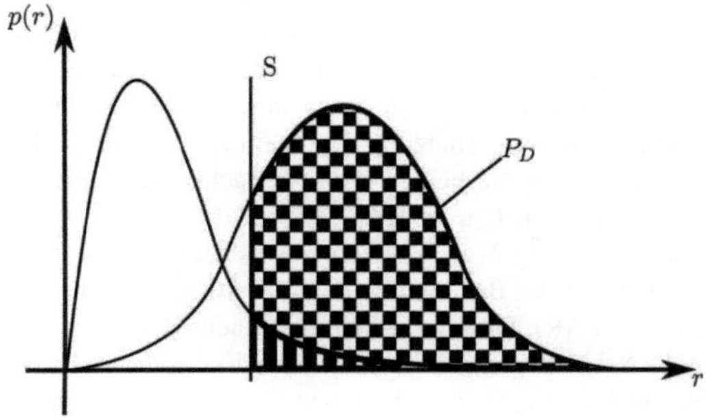

Abbildung 4.3: Detektionswahrscheinlichkeit bei einer riceverteilten Zufallsvariable r und festgelegter Schwelle S

bekannt sein. Das ist normalerweise in einem realen System nicht der Fall und zusätzlich ändert sich die Rauschleistung in Abhängigkeit von der Entfernung. Um die Rauschleistung zu schätzen, können so genannte *Constant False Alarm Rate* (CFAR)-Algorithmen verwendet werden, vgl. [Roh83]. Hierfür wird der Beobachtungsbereich des Radarsensors in mehrere, nicht überlappende Entfernungszellen (Range CFAR) unterteilt. Um den Rauschpegel in der aktuell betrachteten Zelle abzuschätzen, werden die momentanen Messwerte in mehreren aneinander grenzenden Zellen betrachtet. Hierfür werden diese Messwerte in ein Schieberegister der Länge L+3 geschrieben, siehe Abb. 4.4.

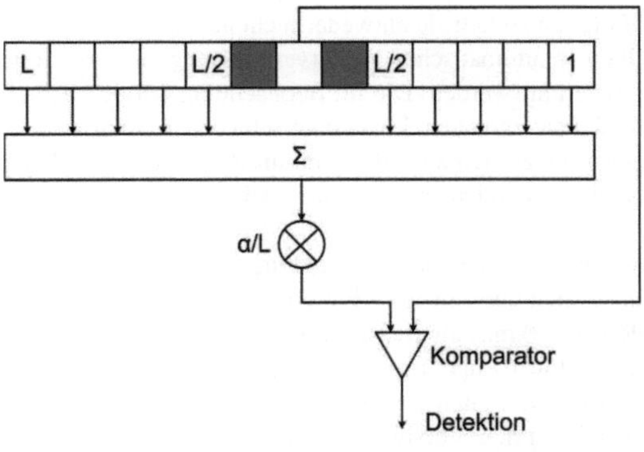

Abbildung 4.4: Cell Averaging CFAR-Algorithmus

Die mittlere Zelle ist dann jeweils die Zelle unter Test (ZUT). Unter der realistischen Annahme, dass sich im Großteil der betrachteten Zellen keine Ziele befinden, kann eine gute Schätzung der Rauschleistung in der ZUT erreicht werden. Um eine Beeinflussung der Rauschschätzung durch ein Ziel in der ZUT auszuschließen, werden die ZUT und die beiden direkt benachbarten Zellen bei der Betrachtung nicht berücksichtigt. Um an Hand der auf diese Weise gesammelten Messwerte die Rauschleistung N zu schätzen, gibt es verschiedene Verfahren. Eine einfache Möglichkeit ist die Berechnung des Mittelwerts aller betrachteten Zellen (*Cell Averaging* - CFAR). Dies hat jedoch den Nachteil, dass Ziele in den umgebenden Zellen die Schätzung des Rauschlevels nach oben beeinflussen würden und es somit zu Maskierungseffekten kommen könnte. Um dies zu vermeiden, können die Messwerte der Größe nach geordnet und ihnen je nach Position in der geordneten Liste ein Rang zwischen 0 (kleinster Wert) und L (höchster Wert) zugeordnet werden. Als Schätzung der Rauschleitung wird der Messwert in der Zelle mit dem vorher festgelegten Rang k verwendet, wobei k in dem Bereich $0{,}6 \cdot L < k < 0{,}8 \cdot L$ liegen sollte. Dieses Verfahren nennt sich *Ordered Statistic* - CFAR , vgl. [Roh84]. Bei beiden Verfahren wird die geschätzte Rauschleistung N mit dem Faktor $a > 1$ multipliziert, um die geforderte Falschalarmrate einzustellen.

4.2 Clutterverarbeitung

Wie bereits erwähnt, handelt es sich bei Clutter um Störsignale, die durch Objekte im Beobachtungsbereich entstehen, die für den Operator des Radargerätes nicht von Interesse sind. Folglich sollten sie entweder nicht auf dem Radarschirm dargestellt oder, im Fall einer automatischen Weiterverarbeitung, nicht der folgenden Signalverarbeitung zugeführt werden. Die im Beobachtungsbereich befindlichen Objekte, die die Störsignale erzeugen, können verschiedener Natur sein. Bei der Geländeüberwachung kann es sich zum Beispiel um Bebauung oder Bäume und Sträucher im Überwachungsbereich handeln, aber auch um Wetterphänomene wie Niederschlag.

Großflächige Cluttergebiete können bereits durch die CFAR-Algorithmen heraus gefiltert werden. Da sie sich über mehrere Entfernungszellen erstrecken, werden sie durch den CFAR-Algorithmus als Rauschen interpretiert. Dadurch ergibt sich eine höhere Detektionsschwelle und die großflächigen Cluttergebiete werden gar nicht erst detektiert. In viele Fällen ist jedoch eine nachträgliche Clutterverarbeitung nötig, da es sich bei den Störsignalen um tatsächliche Ziele handelt, die detektiert werden. Es gibt zwei Möglichkeiten, wie mit diesen Störsignalen verfahren werden kann. Die radikale Methode ist, die Cluttersignale bereits früh in der Signalverarbeitungskette komplett zu unterdrücken, vgl. 4.2.1. Der Nachteil

hierbei besteht darin, dass die Störsignale nicht mehr für eine weitere Analyse zur Verfügung stehen. Außerdem ist dieser Ansatz auch nicht auf alle Anwendungen beziehungsweise Clutterformen anwendbar. Die Alternative ist, die Detektion adaptiv zu gestalten und an die aktuellen Bedingungen im Beobachtungsbereich anzupassen, vgl. 4.2.2. Die Adaptivität ist ein großer Vorteil gegenüber der rigorosen Unterdrückung der Cluttersignale. Allerdings besteht hier die Gefahr, dass sich die Cluttersituation schneller ändert als die Grenzen der Detektion adaptiert werden können, so dass es zu Fehlalarmen kommt.
Sowohl die Clutterunterdrückung als auch die adaptive Detektion wurden eingesetzt, um bei den in dieser Dissertation vorgestellten Systemen zur Geländeüberwachung die Nutz- von den Störsignalen zu unterscheiden. Die Abwandlung dieser Standardtechniken wird in Kapitel 6.1 beschrieben.

4.2.1 Clutterunterdrückung

Wenn für eine Radaranwendung nur bewegte Ziele von Bedeutung sind, ist eine einfache, aber effektive Methode zur Clutterunterdrückung, die stationären Ziele wie zum Beispiel Bebauung einfach auszublenden. Das Ausblenden wird durch einen so genannten *Moving Target Indicator* (MTI) erreicht, vgl. [Sko08]. Hierbei wird ein Filter auf das Doppler-Spektrum der Empfangssignale angewendet. Der Sperrbereich des Filters befindet sich um die Dopplerfrequenz $f_D = 0\,\text{Hz}$ herum, so dass stationäre Objekte herausgefiltert werden, siehe Abb. 4.5.

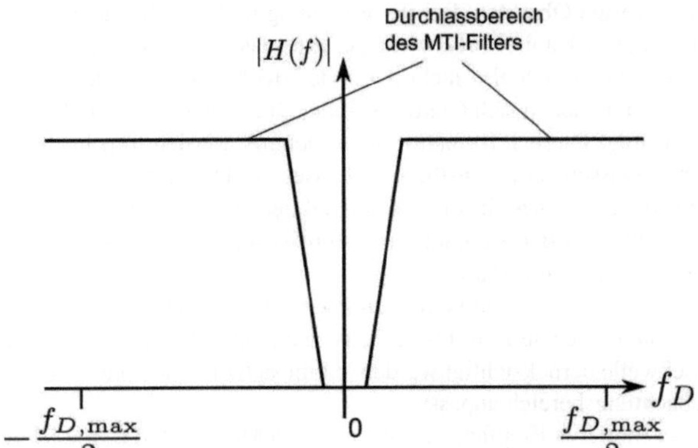

Abbildung 4.5: Skizzierter Durchlassbereich eines MTI-Filters

Bei einer FSK-Modulation muss diese Technik zwingend angewendet werden,

damit überhaupt eine sinnvolle Signalverarbeitung möglich ist. Wie in Kapitel 3.4.1 erläutert, ist bei der FSK-Modulation eine Auflösung der Ziele an Hand ihrer Entfernung nicht möglich. Alle stationären Ziele werden in diesem Fall bei der Dopplerfrequenz $f_D = 0\,\mathrm{Hz}$ detektiert und eine anschließende Phasenauswertung um die Entfernung der Ziele zu bestimmen, ist somit nicht möglich. Um keine falschen Zielinformationen zu bestimmen, werden die stationären Ziele hier alle ausgeblendet.
Dieses Verfahren weist jedoch den Nachteil auf, dass die ausgeblendeten Ziele für die weiterführende Verarbeitung in keiner Form mehr berücksichtigt werden können. Dadurch werden Ziele, die sich tangential zum Radarsensor oder mit einer radialen Geschwindigkeit bewegen, die genau der maximal eindeutig messbaren Dopplerfrequenz $f_{D,\max}$ entspricht, von diesem System nicht erkannt. Zusätzlich wird bewegter Clutter mit einer Dopplerfrequenz $f_D \neq 0$, wie zum Beispiel Niederschlag, nicht von dem MTI-Filter unterdrückt.

4.2.2 Adaptive Detektion (Clutter-Karte)

Wenn diese Nachteile vermieden werden sollen, kann eine sogenannte Clutter-Karte verwendet werden. Zur Erstellung dieser Karte wird der gesamte Beobachtungsbereich des Radarsensors in Entfernungs-Azimut-Zellen unterteilt, s. Abb. 4.6. Für jede dieser Zellen wird die mittlere Empfangsleistung bestimmt und permanent aktualisiert. Im Fall der Geländeüberwachung besteht der Clutter ausschließlich aus ortsfesten Objekten. Bei der Bebauung und dem Bewuchs ist das sofort ersichtlich und in Kapitel 5.1.1 wird gezeigt, dass dies auch für Niederschlag gilt. Da der Clutter sich also nicht durch das Beobachtungsgebiet bewegt, ergibt sich für Zellen, in denen sich Clutter befindet, über der Zeit eine hohe mittlere Empfangsleistung. Diese Information kann genutzt werden, um in diesem Bereich die Detektionsschwelle künstlich hochzusetzen. Das kann dazu führen, dass in dem betroffenen Gebiet ein Ziel nicht detektiert wird. Da sich jedoch die relevanten Ziele durch den Beobachtungsbereich bewegen, werden sie detektiert, sobald sie den Clutterbereich verlassen.
Bei Niederschlag handelt es sich um ein Phänomen, das nicht permanent auftritt, sondern nur für eine begrenzte Zeit. Diese Zeitvarianz muss bei der Berechnung der Detektionsschwelle berücksichtigt werden, damit sich diese adaptiv an die Situation im Beobachtungsbereich anpasst.
Zur Schätzung der mittleren Empfangsleistung aus den Messwerten x_k der letzten N Messzyklen kann das arithmetische Mittel

$$\overline{x} = \frac{1}{N}\sum_{k=0}^{N-1} x_k \tag{4.14}$$

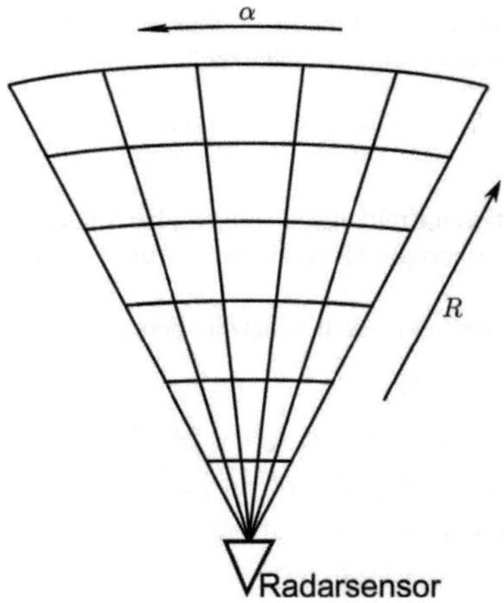

Abbildung 4.6: Aufteilung des Beobachtungsbereichs des Radarsensors in Entfernungs-Azimut-Zellen

verwendet werden. Das arithmetische Mittel ist erwartungstreu:

$$\mathrm{E}\left(\overline{x}\right) = \mathrm{E}\left(\frac{1}{N}\sum_{k=0}^{N-1} x_k\right) = \frac{1}{N}\sum_{k=0}^{N-1}\mathrm{E}\left(x_k\right) \tag{4.15}$$

$$= \mathrm{E}\left(x\right) \tag{4.16}$$

und für $N \to \infty$ geht die Schätzvarianz gegen Null:

$$\mathrm{Var}\left(\overline{x}\right) = \mathrm{Var}\left(\frac{1}{N}\sum_{k=0}^{N-1} x_k\right) = \frac{1}{N^2}\mathrm{Var}\left(\sum_{k=0}^{N-1} x_k\right) \tag{4.17}$$

$$= \frac{1}{N^2}\cdot N\,\mathrm{Var}\left(x\right) = \frac{1}{N}\mathrm{Var}\left(x\right) \tag{4.18}$$

Das arithmetische Mittel hat jedoch zwei Nachteile, durch die es für diese Anwendung ungeeignet ist. Es wird zum einen eine große Menge an Speicherplatz benötigt, um die gesamte Messwert-Historie zu speichern. Außerdem ist es in diesem Fall nachteilig, dass die Schätzvarianz gegen Null geht. Für stationäre Objekte, wie Bebauung, würde dies kein Problem darstellen, aber bei Niederschlag, der sich, wie bereits erwähnt, nur eine begrenzte Zeit auf die Signalleistung in einer Entfernungs-Winkel-Zelle auswirkt, würde es dazu führen, dass der geschätzte

Wert sich nicht an die veränderten Verhältnisse anpasst. Ein Schätzer, der diese Nachteile nicht aufweist, ist der rekursive Schätzer:

$$\overline{x}_k = \alpha \cdot \overline{x}_{k-1} + (1-\alpha)x_k \tag{4.19}$$

wobei gilt $0 < \alpha < 1$.
Um die Schätzung der mittleren Empfangsleistung $\overline{x}_k$ berechnen zu können, werden nur die Schätzung im vorherigen Messzyklus $\overline{x}_{k-1}$ und der aktuelle Messwert x_k benötigt.
Wenn die Erwartungstreue des rekursiven Schätzers berechnet wird, ergibt sich

$$\begin{aligned}
\mathrm{E}\left(\overline{x}_k\right) &= \mathrm{E}(\alpha \cdot \overline{x}_{k-1} + (1-\alpha)x_k) && (4.20)\\
&= \mathrm{E}((1-\alpha)(x_k + \alpha x_{k-1} + \alpha^2 x_{k-2} + \cdots + \alpha^k x_0) && (4.21)\\
&= (1-\alpha)(\mathrm{E}(x_k) + \alpha\,\mathrm{E}(x_{k-1}) + \alpha^2\,\mathrm{E}(x_{k-2}) + \cdots + \alpha^k\,\mathrm{E}(x_0) && (4.22)\\
&= (1-\alpha)(1 + \alpha + \alpha^2 + \cdots + \alpha^k)\,\mathrm{E}(x) && (4.23)\\
& && (4.24)
\end{aligned}$$

Unter Verwendung der endlichen geometrischen Reihe

$$\sum_{n=0}^{k} \alpha^n = \frac{1-\alpha^{k+1}}{1-\alpha} \tag{4.25}$$

erhält man

$$\mathrm{E}\left(\overline{x}_k\right) = (1-\alpha)\frac{1-\alpha^{k+1}}{1-\alpha}\,\mathrm{E}(x) \xrightarrow[k\to\infty]{} \mathrm{E}(x) \tag{4.26}$$

Der rekursive Schätzer ist also asymptotisch erwartungstreu. Die Berechnung der Schätzvarianz ergibt

$$\begin{aligned}
\mathrm{Var}(\overline{x}_k) &= \mathrm{Var}(\alpha \cdot \overline{x}_{k-1} + (1-\alpha)x_k) && (4.27)\\
&= \mathrm{Var}((1-\alpha)(x_k + \alpha x_{k-1} + \alpha^2 x_{k-2} + \cdots + \alpha^k x_0) && (4.28)\\
&= (1-\alpha)^2(\mathrm{Var}(x_k) + \alpha^{2\cdot 1}\,\mathrm{Var}(x_{k-1}) + \cdots + \alpha^{k\cdot 2}\,\mathrm{Var}(x_0) && (4.29)\\
&= (1-\alpha)^2(1 + \alpha^2 + \alpha^4 + \cdots + \alpha^{2k})\,\mathrm{Var}(x) && (4.30)
\end{aligned}$$

Unter Verwendung von 4.25 ergibt sich

$$\mathrm{Var}(\overline{x}_k) = (1-\alpha)^2\frac{1-\alpha^{2k+2}}{1-\alpha^2}\,\mathrm{Var}(x) \tag{4.31}$$

$$\xrightarrow[k\to\infty]{} \mathrm{Var}(\overline{x}_k) = \frac{(1-\alpha)^2}{1-\alpha^2}\,\mathrm{Var}(x) = \frac{1-\alpha}{1+\alpha}\,\mathrm{Var}(x) \tag{4.32}$$

Wie sich zeigt, beträgt die Schätzvarianz in diesem Fall nicht Null, sondern es bleibt immer eine Restvarianz erhalten. Diese Restvarianz ist abhängig von der

Wahl des Parameters α. Wenn ein großes α gewählt wird, nähert sich der Schätzer nur langsam dem endgültigen Schätzwert an, ist aber unempfindlicher gegen Ausreißer in den Messwerten. Bei kleinem α nähert sich der Schätzer schneller dem endgültigen Schätzwert an, aber durch die große Schätzvarianz ist er empfindlicher gegen Ausreißer und schwingt deshalb stärker um den Erwartungswert herum.

4.3 Tracking

Da sich die für die Geländeüberwachung relevanten Ziele durch den Beobachtungsbereich bewegen, ist es erforderlich, dass sie durch den Bereich hindurch verfolgt werden. Beim sogenannten „Tracking" werden die Detektionen eines Ziels von mehreren aufeinander folgenden Messungen zu einer Zielspur, einem *Track*, zusammengefasst, vgl. [OR02, OR03]. Hierfür wird für das beobachtete Objekt ein Bewegungsmodell definiert. Mit ihm kann vorhergesagt werden, an welcher Stelle im nächsten Messzyklus mit einer durch das verfolgte Ziel verursachten Detektion zu rechnen ist. Durch die Zusammenfassung mehrerer Messwerte werden die ursprünglichen Messwerte geglättet, was dem Messrauschen des Radarsensors entgegenwirkt und die Genauigkeit der Messwerte erhöht. Zusätzlich erleichtert das Tracking die Entscheidung, ob es sich bei einer Detektion um eine Fehldetektion oder ein wirkliches Ziel handelt, da überprüft werden kann, ob das potentielle Ziel nur sporadisch erscheint oder über einen längeren Zeitraum konstant beobachtet wird. Des Weiteren ergibt sich durch die längere Beobachtungsphase des Ziels die Möglichkeit, weitere Eigenschaften zu extrahieren und dadurch eine sichere Entscheidung zu treffen, um was es sich bei diesem Ziel handelt, hierzu siehe auch Kapitel 6.3. Außerdem kann nur mit Hilfe eines Tracking-Algorithmus die tatsächliche Geschwindigkeit des beobachteten Objekts bestimmt werden, da mit einer einzelnen Messung des Radargerätes immer nur die radiale Komponente der Geschwindigkeit gemessen wird.
Ein Tracking-Algorithmus besteht immer aus drei Phasen: einer Prädiktions-, einer Assoziations- und einer Korrektur-Phase. Während der Prädiktionsphase wird basierend auf der aktuell geschätzten Position des detektierten Ziels und einem Bewegungsmodell die Position für den nächsten Messzyklus vorhergesagt. Wenn die neuen Detektionen vorliegen, wird während der Assoziationsphase in der Umgebung der prädizierten Position nach einer zu dem Track passenden Detektion gesucht. Wenn dem Track eine Detektion zugeordnet werden kann, folgt die Korrektur-Phase. In dieser Phase werden die aus der Messung gewonnen Daten und die vorhergesagte Position gewichtet zusammengefasst. Es gibt verschiedene Tracking-Algorithmen, die nach diesem Prinzip arbeiten. Diese Arbeit beschränkt

sich auf die Beschreibung des α-β-Filters und des Kalman-Filters, da diese beiden auch in den in dieser Dissertation vorgestellten Anwendungen verwendet worden sind. Das Bewegungsmodell, das für beide Filter verwendet wird, ist das einer linearen Bewegung mit gleichbleibender Geschwindigkeit.
Die Position eines Ziels wird in der Radartechnik in Polarkoordinaten angegeben. Für das Tracking ist diese Darstellung aber ungeeignet. Je näher ein Ziel, das sich schräg zum Radarsensor bewegt, diesem kommt, desto schneller ändert sich der azimutale Winkel, unter dem es detektiert wird. Dieser Effekt würde bei Anwendung der Polarkoordinaten zu einer Pseudobeschleunigung in der Winkelkoordinate führen. Aus diesem Grund wird die in Polarkoordinaten vorliegende Position, bevor sie dem Tracking-Filter zugeführt wird, in kartesische Koordinaten umgerechnet.

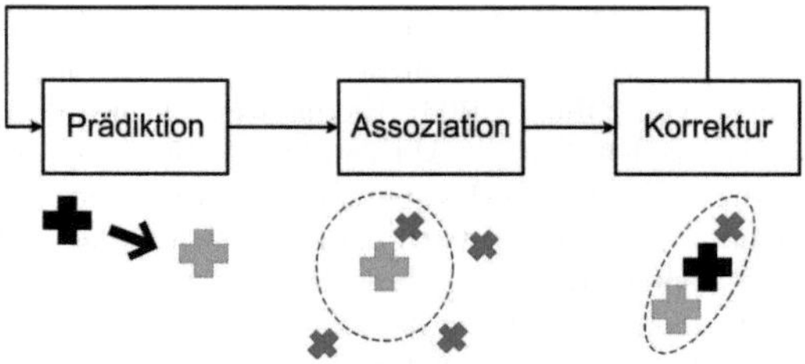

Abbildung 4.7: Die drei Phasen eines Tracking-Algorithmus

4.3.1 α-β-Filter

Der α-β-Filter ist ein einfacher Tracking-Filter, der aber trotzdem zuverlässig arbeitet und für viele Anwendungen durchaus ausreicht. Der Tracking-Filter wird hier nur für die x-Koordinate der Position beschrieben, kann aber analog genauso für die y-Koordinate angewendet werden.
Wie bereits erwähnt, wird während des Prädiktionsschritts aus der aktuell geschätzten Position $\hat{x}_k$ die Position im nächsten Messzyklus $\tilde{x}_{k+1}$ vorhergesagt [Bro98]. Wenn hierzu ein lineares Bewegungsmodel herangezogen wird, ergibt sich:

$$\tilde{x}_{k+1} = \hat{x}_k + \hat{v}_{x,k} \cdot \Delta t \tag{4.33}$$

wobei $\hat{v}_{x,k}$ die in diesem Messzyklus geschätzte x-Komponente der Geschwindigkeit angibt und Δt den zeitlichen Abstand zwischen zwei Messupdates. Da die Geschwindigkeit als gleichbleibend vorausgesetzt wird, ergibt sich hier:

$$\tilde{v}_{x,k+1} = \hat{v}_{x,k} \tag{4.34}$$

Nun wird während der Assoziationsphase eine zu dieser Position und Geschwindigkeit passende Detektion gesucht. Hierzu bieten sich verschiedene Vorgehensweisen an, vgl. [BP99], die hier aber nicht näher beleuchtet werden sollen. Mit Hilfe der assoziierten Detektion x_{k+1} wird der Track in der Korrekturphase aktualisiert und eine aktuelle Schätzung der Position $\hat{x}_{k+1}$ und Geschwindigkeit $\hat{v}_{x,k+1}$ berechnet:

$$\hat{x}_{k+1} = \tilde{x}_{k+1} + \alpha\,(x - \tilde{x}_{k+1}) \tag{4.35}$$

$$\hat{v}_{x,k} = \tilde{v}_{x,k+1} + \beta \left(\frac{x - \tilde{x}_{k+1}}{\Delta t} \right) \tag{4.36}$$

mit $0 < \alpha(\beta) < 1$. An Hand der beiden Parameter α und β wird festgelegt, ob stärker den Messwerten (großes α bzw. β) oder dem Bewegungsmodell (kleines α bzw. β) vertraut wird.
Sollte in der Assoziationsphase keine zum Track passende Detektion gefunden werden, wird die Prädiktion als Aktualisierung des Tracks verwendet:

$$\hat{x}_{k+1} = \tilde{x}_{k+1} \tag{4.37}$$

$$\hat{v}_{x,k} = \tilde{v}_{x,k+1} \tag{4.38}$$

4.3.2 Kalman-Filter

Der Kalman-Filter ist nach einem seiner Entdecker, Rudolf Emil Kálmán (* 19. Mai 1930), benannt. Er hat ein Verfahren zur Schätzung $\hat{x}_k$ der Position eines Ziels gesucht, bei der der mittlere quadratische Fehler zwischen der tatsächlichen Position $x_{\text{true},k}$ und der aktuell geschätzten Position $\hat{x}_k$ minimal wird [Kal60].

$$\min(x_{\text{true},k} - \hat{x}_k)^2 \tag{4.39}$$

Das Ergebnis stellt einen Filter ähnlich dem α-β-Filter dar, allerdings mit variablen Parametern α und β.

Modellierung des zu schätzenden Prozesses

Im Gegensatz zum vorher behandelten α-β-Filter beinhaltet der Kalman-Filter statistische Komponenten. Diese werden verwendet, um das Messrauschen des Radarsensors sowie die Unsicherheiten in dem angenommenen Bewegungsmodell zu modellieren. Diese Unsicherheiten entstehen dadurch, dass ein beobachtetes Objekt sich nie genau nach dem angenommenen linearen Bewegungsmodell mit gleichbleibender Geschwindigkeit bewegen, sondern zum Beispiel beschleunigen oder abbremsen wird. Aus diesen Überlegungen ergibt sich das Modell des zeitdiskreten Prozesses in Matrixschreibweise zu

$$\vec{x}_k = A\vec{x}_{k-1} + \vec{w}_{k-1} \tag{4.40}$$

Im Fall der Bewegung eines Objektes in kartesischen Koordinaten ergibt sich der Zustandsvektor zu

$$\vec{x}_k = \begin{pmatrix} x_k \\ y_k \\ v_{x,k} \\ v_{y,k} \end{pmatrix} \tag{4.41}$$

Die $n \times n$ Matrix A beschreibt den Übergang vom Zustand $\vec{x}_{k-1}$ zum Zustand $\vec{x}_k$.

$$A = \begin{pmatrix} 1 & 0 & \Delta t & 0 \\ 0 & 1 & 0 & \Delta t \\ 0 & 0 & 1 & 0 \\ 0 & 0 & 0 & 1 \end{pmatrix} \tag{4.42}$$

Der Term $\vec{w}_k$ wird als Prozessrauschen bezeichnet und modelliert Beschleunigung und Manöver des beobachteten Objektes. Das Prozessrauschen wird als weißes, normal verteiltes Rauschen angenommen und durch Prozessrauschen-Kovarianzmatrix Q beschrieben.
Die Messung des Radarsensors $\vec{z}_k$ ergibt sich zu

$$\vec{z}_k = H\vec{x}_k + \vec{v}_k \tag{4.43}$$

Die Matrix H modelliert hierbei, wie der Messwert $\vec{z}_k$ aus dem Zustand $\vec{x}_k$ gewonnen wird. Wenn, wie in diesem Fall, die Geschwindigkeiten nicht gemessen, sondern aus dem Tracking selber geschätzt werden,

$$\vec{z}_k = \begin{pmatrix} x \\ y \end{pmatrix}, \vec{x}_k = \begin{pmatrix} x \\ y \\ v_x \\ v_y \end{pmatrix} \tag{4.44}$$

ergibt sich H zu

$$H = \begin{pmatrix} 1 & 0 & 0 & 0 \\ 0 & 1 & 0 & 0 \end{pmatrix} \tag{4.45}$$

In diesem Fall ergibt sich eine konstante H-Matrix. Wenn die Transformation der kartesischen Tracking-Koordinaten (x,y,v_x,v_y) zu den polaren Sensor-Koordinaten (r,γ,v_r) durch die H-Matrix durchgeführt wird, ergibt sich jedoch eine in Abhängigkeit vom Ort variable H-Matrix, siehe Gleichung 4.50.

Die Beschreibung des Zustands $\vec{x}_k$ bleibt die gleiche wie in Gleichung 4.44. Aber der Messvektor ändert sich zu

$$\vec{z}_k = \begin{pmatrix} r \\ \gamma \\ v_r \end{pmatrix} \tag{4.46}$$

Die geometrischen Zusammenhänge der Koordinatentransformation werden in Abb. 4.8 dargestellt.

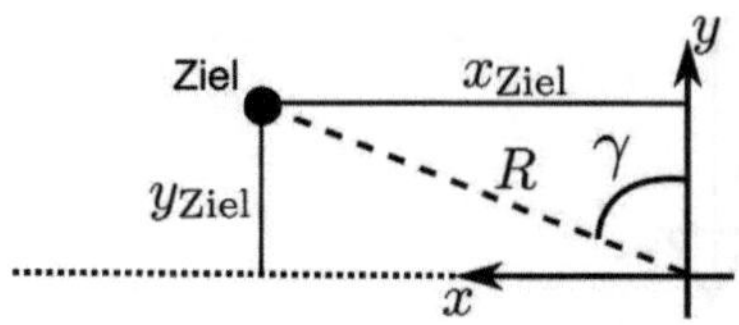

Abbildung 4.8: Geometrische Zusammenhänge zwischen Polar- und Kartesischen Koordinaten

Hieraus ergibt sich die folgende Umrechnung

$$R = \sqrt{x_{\text{Ziel}}^2 + y_{\text{Ziel}}^2} \tag{4.47}$$

$$\gamma = \arctan(\frac{x_{\text{Ziel}}}{y_{\text{Ziel}}}) \tag{4.48}$$

Auch die gemessene radiale Geschwindigkeit lässt sich aus den Komponenten v_x und v_y von $\vec{v}$ berechnen:

$$v_r = v_x \cdot \sin(\gamma) + v_y \cdot \cos(\gamma) \tag{4.49}$$

Die geometrische Herleitung dieser Formel wird in Abb. 4.9 veranschaulicht. Unter Berücksichtigung dieser drei Umrechnungen 4.48 und 4.49 wird H zu

$$H = \begin{pmatrix} \frac{x_{\text{Ziel}}}{\sqrt{x_{\text{Ziel}}^2+y_{\text{Ziel}}^2}} & \frac{y_{\text{Ziel}}}{\sqrt{x_{\text{Ziel}}^2+y_{\text{Ziel}}^2}} & 0 & 0 \\ \frac{\arctan\left(\frac{y_{\text{Ziel}}}{x_{\text{Ziel}}}\right)}{2x_{\text{Ziel}}} & \frac{\arctan\left(\frac{y_{\text{Ziel}}}{x_{\text{Ziel}}}\right)}{2y_{\text{Ziel}}} & 0 & 0 \\ 0 & 0 & \sin(\gamma) & \cos(\gamma) \end{pmatrix} \tag{4.50}$$

Der Vektor $\vec{v}_k$ steht für das Messrauschen des Radarsensors. Das Messrauschen wird als statistisch unabhängig vom Prozessrauschen angenommen und ist ebenfalls weißes, normal verteiltes Rauschen. Beschrieben wird es durch die Messrausch-Kovarinazmatrix M.

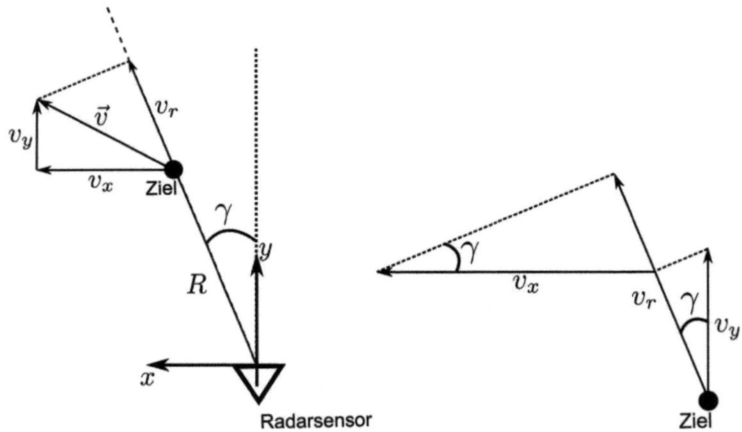

(a) Überblick Geometrie **(b)** Zusammenhang v_x, v_y und v_r

Abbildung 4.9: Geometrische Herleitung der Berechnung von v_r aus v_x und v_y

Mathematische Beschreibung des Kalman-Filters

Genau wie der α-β-Filter weist der Kalman-Filter eine Prädiktions- und eine Korrekturphase auf. In Matrixschreibweise wird die Korrekturgleichung 4.33 zu

$$\hat{\vec{x}}_{k+1} = \tilde{\vec{x}}_{k+1} + K_k \left(\vec{z}_k - H\tilde{\vec{x}}_{k+1} \right) \tag{4.51}$$

Die Gewichtung der Abweichung zwischen dem Messwert $\vec{z}_k$ und dem prädizierten Zustand $\tilde{\vec{x}}_{k+1}$ geschieht hier durch die $n \times m$ Matrix K_k, wobei diese wie bereits erwähnt variabel ist. Sie wird als Kalman-Gewinn bezeichnet. Die Abweichung zwischen Messung $\vec{z}_k$ und Schätzung $H\tilde{\vec{x}}_{k+1}$ wird Residual genannt.
Für die Schätzung wird der Fehler zwischen dem tatsächlichen Zustand $\vec{x}_k$ und dem prädizierten Zustand $\tilde{\vec{x}}_k$ als a-priori-Fehler $\tilde{\vec{e}}_k$ und der Fehler zwischen dem tatsächlichen Zustand $\vec{x}_k$ und dem geschätzten Zustand $\hat{\vec{x}}_k$ als a-posteriori-Fehler $\hat{\vec{e}}_k$ definiert. Damit ergibt sich die a-priori-Fehlerkovarianz zu:

$$\tilde{P}_k = E[\tilde{\vec{e}}_k \tilde{\vec{e}}_k^T] \tag{4.52}$$

und die a-posteriori-Fehlerkovarianz

$$\hat{P}_k = E[\hat{\vec{e}}_k \hat{\vec{e}}_k^T] \tag{4.53}$$

Die Matrix K wird so bestimmt, dass sie die a-posteriori-Fehlerkovarianz P_k minimiert. Mit Hilfe der a-priori-Fehlerkovarianz ist es möglich, eine solche Matrix K zu berechnen [WB95]:

$$K_k = \frac{\tilde{P}_k H^T}{H\tilde{P}_k H^T + M} \tag{4.54}$$

Wie man erkennt, führt eine geringe Messfehler-Kovarianz M zu einer größeren Gewichtung des Residuals, sprich: Dem Messwert wird mehr vertraut und es wird eine stärkere Korrektur durchgeführt. Im Gegensatz dazu führt eine geringe a-priori-Fehlerkovarianz $\tilde{P}_k$ zu einer geringeren Gewichtung des Residuals. In diesem Fall wird also der Schätzung mehr vertraut.
Zusammenfassend sollen die einzelnen Berechnungsschritte des Kalman-Filters in Prädiktions- und Korrekturphase dargestellt werden. Im Prädiktionsschritt des Kalman-Filters muss nicht nur die Prädiktion $\hat{\vec{x}}_{k+1}$ berechnet, sondern auch die a-priori-Fehlerkovarianz $\tilde{P}_k$ geschätzt werden:

$$\tilde{\vec{x}}_k = A\hat{\vec{x}}_{k-1} \tag{4.55}$$

$$\tilde{P}_k = A\hat{P}_{k-1}A^T + Q \tag{4.56}$$

Für die Korrekturphase wird als erstes der Kalman-Gewinn K berechnet, um die Korrektur des Zustands durchführen zu können. Nach der Korrektur des Zustands wird noch die a-posteriori-Fehlerkovarianz $\hat{P}_k$ geschätzt:

$$K_k = \frac{\tilde{P}_k H^T}{H\tilde{P}_k H^T + M} \tag{4.57}$$

$$\hat{\vec{x}}_{k+1} = \tilde{\vec{x}}_{k+1} + K_k\left(\vec{z}_k - H\tilde{\vec{x}}_{k+1}\right) \tag{4.58}$$

$$\hat{P}_k = (I - K_k H)\tilde{P}_k \tag{4.59}$$

wobei I für die Einheitsmatrix steht.

4.3.3 Auswahl eines geeigneten Tracking-Filters

Der entscheidende Unterschied zwischen dem α-β- und dem Kalman-Filter ist, dass bei letzterem über die Fehlerkovarianz-Matrix eine Information darüber vorliegt, wie sehr der Schätzung vertraut werden kann. Diese Information fließt in die Berechnung des Kalman-Gewinns mit ein, durch den beeinflusst wird, ob das Bewegungsmodell oder der Messwert mehr Gewichtung erhält, vgl. Gleichung 4.59. In Abb. 4.10 ist die Entwicklung des Kalman-Gewinns für verschiedene Werte der Messrausch-Kovarinazmatrix M und der Prozessrauschen-Kovarianzmatrix Q über die Anzahl der Updatezyklen und somit über der Zeit aufgetragen. Wie sich zeigt, nähert sich der Kalman-Gewinn immer einem konstanten Wert an, solange der Track kontinuierlich durch eine assoziierte Detektion korrigiert wird. Wie groß der Abstand dieser Assoziation ist, hat keinerlei Einfluss auf den Verlauf der Kurve. Das bedeutet, dass der zugelassene maximale Abstand der Assoziationspartner, das sogenannte „Gate", möglichst klein gehalten werden muss, damit der Kalman-Filter effektiv arbeitet. Hierbei kann die Fehlerkovarianz-Matrix genutzt werden, um das Gate adaptiv zu gestalten. Im Fall von starken Manövern, sprich Abweichungen vom Bewegungsmodell, kann dies allerdings zu Trackabbrüchen führen.

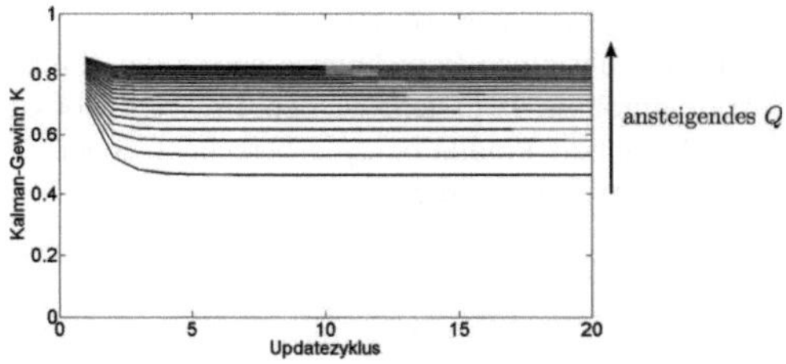

(a) Kalman-Gewinn für verschiedene Werte der Prozessrauschen-Kovarianzmatrix Q bei konstanter Messrausch-Kovarianzmatrix M

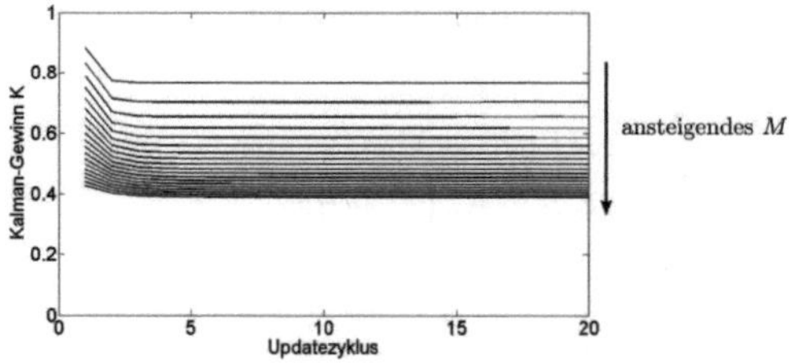

(b) Kalman-Gewinn für verschiedene Werte der Messrausch-Kovarinazmatrix M bei konstanter Prozessrauschen-Kovarianzmatrix Q

Abbildung 4.10: Entwicklung des Kalman-Gewinns über der Zeit

Zusammenfassend kann gesagt werden, dass ein α-β-Filter leichter zu implementieren ist und durch sein großzügig einstellbares Gate zu durchgängigen Tracks führt. Deshalb wurde dieser Filter in der Anfangsphase der Entwicklung der beiden Überwachungssysteme als Tracking-Filter gewählt, um schnell erste Erkenntnisse über die radartechnisch relevanten Eigenschaften der Beobachtungsobjekte zu gewinnen.

Auf Dauer wurde jedoch auf den Kalman-Filter umgestellt, da dieser eine bessere Schätzung der Position eines Ziels ermöglicht. Das hierfür nötige strengere Gating weist dabei den positiven Effekt eines geringeren Risikos auf, dass sporadisch an zufälligen Stellen auftauchende Detektionen einen durchgängigen Track erzeugen. Dies vermindert zusätzlich das Risiko von Falschalarmen.

Kapitel 5

Objektklassen

In diesem Kapitel werden die verschiedenen Beobachtungsobjekte der beiden vorgestellten Anwendungen zur Geländeüberwachung und Rollfeldsicherung beschrieben. Als erstes wird die generelle Beschaffenheit dieser Objekte, beispielsweise ihre physikalischen und geometrischen Eigenschaften, betrachtet. Danach erfolgt eine Analyse, welche Auswirkungen die Objekteigenschaften auf die Reflektionsmuster haben, die durch einen Radarsensor beobachtet werden können. Bei der Geländeüberwachung liegt das Hauptaugenmerk auf den charakteristischen Eigenschaften der Objektklassen und den Unterschieden zwischen ihnen, um eine spätere Klassifikation zu ermöglichen. Bei der Rollfeldüberwachung ist nicht die Unterteilung in verschiedene Objektklassen von Interesse, sondern die Reflektionseigenschaften der rollenden Flugzeuge werden im Detail beschrieben, um daraus eine geeignete Weiterverarbeitung zur Bestimmung ihrer genauen Position und Ausdehnung abzuleiten.

5.1 Objektklassen der Geländeüberwachung

Bei der Geländeüberwachung ist das Ziel, eine sichere Entscheidung darüber zu treffen, ob sich eine Person durch den Beobachtungsbereich bewegt oder nicht. Das bedeutet, dass die verschiedenen Beobachtungsobjekte an Hand ihrer radartechnischen Eigenschaften voneinander unterschieden werden müssen. Erschwert wird dies dadurch, dass Personen im Vergleich zu klassischen Objekten der Radartechnik, wie Schiffen oder Flugzeugen, einen geringen Radarrückstreuquerschnitt σ aufweisen. Aus diesem Grund muss für eine hohe Detektionsrate die Detektionsschwelle der verwendeten Radarsensoren sensibel eingestellt werden. Dadurch werden aber auch andere Objekte mit geringem Radarrückstreuquerschnitt σ detektiert, was den Entscheidungsprozess, Person oder keine Person, erschwert.

Um die theoretischen Betrachtungen zu belegen, werden die ermittelten Eigenschaften der Reflektionsmuster durch Messwerte gestützt. Diese Messungen stammen von einem Experimentalsystem, das zu Testzwecken im Außenbereich eines Gefängnisses in Hamburg aufgebaut wurde. Das System besteht aus acht Radarsensoren, die in einem Bereich zwischen zwei Begrenzungszäunen auf Pfosten angebracht sind. Insgesamt wird hiermit eine Strecke von etwa 400 m überwacht. Für diesen Aufbau wurden Radarsensor mit FSK-Modulation (siehe Kapitel 3.4.1) verwendet. Dieser Sensor ist mit zwei Antennen ausgestattet, so dass über die Phasenmonopuls-Technik der azimutale Winkel bestimmt werden kann. In Tabelle 5.1 sind die Eigenschaften des Radarsensors und die daraus resultierenden Qualitätsmerkmale aufgeführt.

Größe	Wert
Sendefrequenz f_T	24 GHz
Frequenzsprung f_{Shift}	1,2 MHz
Frequenzhub f_{Hub}	–
Beobachtungsdauer T_{Chirp}	171 ms
Geschwindigkeitsauflösung Δv_r	0,04 m/s
Entfernungsauflösung ΔR	–

Tabelle 5.1: Eigenschaften des für die Aufgabe der Geländeüberwachung verwendeten FSK-Radarsensors

Der FSK-Radarsensor wurde ausgewählt, da in dieser Anwendung ausschließlich bewegte Objekte von Interesse sind. Durch die besonders gute Geschwindigkeitsauflösung von 0,04 m/s ist es möglich, die Bewegungsabläufe der detektierten Ziele detailliert zu analysieren. Zusätzlich trennt der FSK-Radarsensor bereits explizit bewegte von unbewegten Objekten. Hierfür werden alle Detektionsobjekte mit Doppler-Frequenz $f_D = 0\,\text{Hz}$ ausgeblendet, siehe Kapitel 3.4.1.
Als grobe Unterteilung werden die beobachteten Objekte in stationäre, siehe Kapitel 5.1.1, und bewegte Objekte, siehe Kapitel 5.1.2, unterteilt. Stationär bedeutet hier nicht zwingend, dass für diese Ziele keine Geschwindigkeit gemessen wird, sondern, dass sie sich nicht durch das Beobachtungsgebiet bewegen. Darunter fallen Bebauung, Zäune, Vegetation und Niederschlag. Diese Objekte sind für den Beobachter nicht von Interesse (Clutter). Im Gegensatz zu den stationären laufen die bewegten Objekte aktiv durch den Beobachtungsbereich. Dabei kann es sich entweder ebenfalls um Störsignale (Tiere) handeln oder um Objekte, die für den Benutzer des Systems von Interesse sind und zu einer Alarmmeldung führen sollen (Personen).

5.1.1 Stationäre Objekte

Bei den stationären Objekten handelt es sich im Gegensatz zu den bewegten Objekten nicht um Menschen oder Tiere, sondern um tote Materie, wie Gebäude und Zäune, um Pflanzen oder Wettereinflüsse. Die stationären Objekten werden dementsprechend in die Kategorien Bebauung, Vegetation und Niederschlag unterteilt. Alle diese Kategorien haben gemeinsam, dass die von ihren Elementen erzeugten Detektionen sich auf einen bestimmten Bereich beschränken, der für einen längeren Zeitraum unverändert bleibt. Neben dieser Gemeinsamkeit weisen aber alle drei Kategorien unterschiedliche Reflektionseigenschaften auf, die aus ihrer Beschaffenheit resultieren.

Bebauung

Bebauung kann bei der Geländeüberwachung von ganz unterschiedlicher Beschaffenheit sein. Es kann sich beispielsweise um solide Gebäude oder flexible Begrenzungszäune handeln. Trotzdem können mehrere gemeinsame, charakteristische Eigenschaften angegeben werden.

Abbildung 5.1: Gebäude und Begrenzungszäune im Überwachungsbereich

Auf Grund des Materials und gegebenenfalls auch ihrer Größe ist Bebauung im Allgemeinen ein guter Reflektor. Die Position der Bebauung ist von vornherein bekannt und ändert sich auch über der Zeit nicht.
Gebäude spielen eine Sonderrolle, da sie die einzige Bebauungsform sind, für die in jedem Fall keine Geschwindigkeit gemessen wird. Zäune aber können aufgrund ihrer Beschaffenheit durch Wind in Bewegung versetzt werden. Dadurch bewegt sich das Objekt zwar nicht in eine bestimmte Richtung vorwärts, aber je nach Blickwinkel des Radarsensors kann eine Geschwindigkeit ungleich Null gemessen werden.
Für die erzeugten Reflektionsmuster bedeuten die beschriebenen Eigenschaften, dass die Bebauung auf Grund der guten Reflektionscharakteristik leicht zu detektieren ist. Im Normalfall sollte sie über der Zeit im Rahmen der Messgenauig-

keit immer an der gleichen Position detektiert werden. In Abwesenheit von Wind sind diese Detektionen im Doppler-Spektrum an der Stelle $f_D = 0\,\mathrm{Hz}$ zu finden und werden somit vom FSK-Sensor ausgeblendet. Sobald jedoch Windbewegung dazu kommt, verändert sich die Situation. Wie bereits erwähnt, kann es wegen der Schwankungen, die der Wind verursacht, dazu kommen, dass Doppler-Frequenzen ungleich Null gemessen werden, wodurch eine Bewegung angezeigt wird. Außerdem kann die Bewegung eines Zauns dazu führen, dass der Reflektionspunkt auf der Fläche des Zauns wandert und sich dadurch von Messzyklus zu Messzyklus die gemessene Position des Objekts ändert.
Die in Abb. 5.3 dargestellten Radarmesswerte stammen von einer Messung mit einer Dauer von ca. 2 Minuten mit dem oben beschriebenen FSK-Radarsensor. Im Beobachtungsbereich des Radarsensors befand sich ein Metallzaun, der fast parallel zu der Beobachtungsrichtung des Sensors verlief. Eine schematische Darstellung des Messaufbaus ist Abb. 5.2 zu entnehmen.

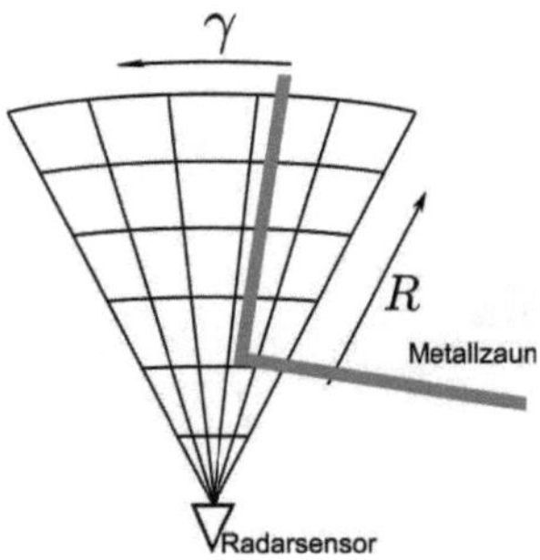

Abbildung 5.2: Position des Metallzauns relativ zum Radarsensor

Wie sich zeigt, werden entlang des Zauns während der Messung an verschiedenen Stellen Ziele detektiert. Zwar tritt eine gewisse Streuung über den Winkel und die Entfernung auf, aber die Detektionen sind auf einen kleinen Bereich beschränkt. Die auftretenden radialen Geschwindigkeiten sind relativ gering und weisen nur wenig Streuung auf. Dies ist darauf zurückzuführen, dass der Zaun senkrecht zur Blickrichtung des Radarsensors schwingt, so dass nur geringe radiale Geschwindigkeitskomponenten gemessen werden. Bei der Doppler-Frequenz $f_D = 0\,\mathrm{Hz}$ werden keine Detektionen gemessen, da diese vom FSK-Radarsensor ausgeblendet werden. Die auftretenden Amplituden sind für ein metallisches Objekt relativ gering, da die Radarstrahlen nicht frontal auf den Zaun treffen, sondern seitlich, so dass die elektromagnetischen Wellen nicht komplett zum Radarsensor zurück reflektiert werden.

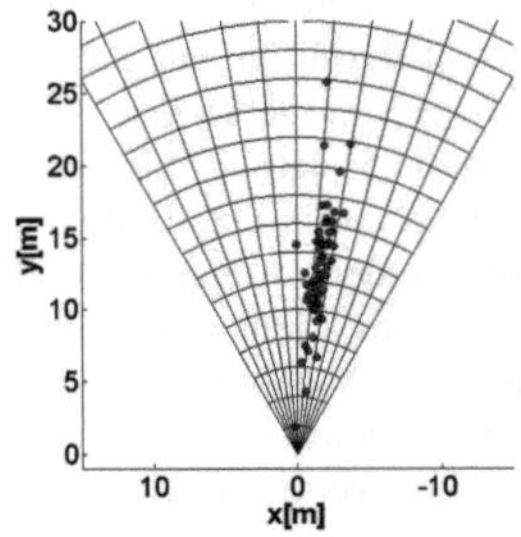

(a) Ort

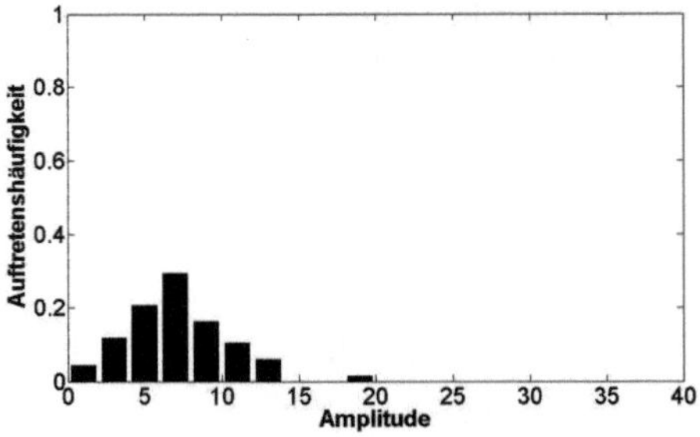

(b) Amplitudenverteilung

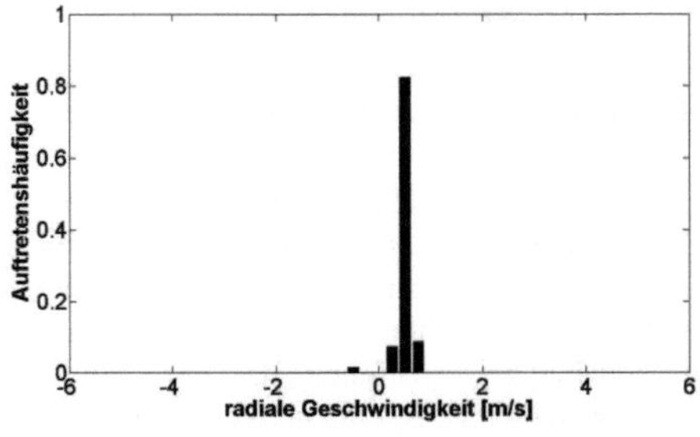

(c) Geschwindigkeitsverteilung

Abbildung 5.3: Reflektionsmuster eines Metallzauns bei Wind, gemessen mit einem FSK-Radarsensor mit Monopulstechnik zur Winkelbestimmung

Vegetation

Bei der Geländeüberwachung handelt es sich bei der vorhandenen Vegetation eher um kleineren Bewuchs, wie niedrige Büsche oder hohes Gras. Bäume und größere Büsche kommen in den betrachteten Gebieten nicht vor, da strikte Restriktionen gelten, welche (Sicht-)Hindernisse es in den hier relevanten Sicherheitsbereichen geben darf.
Im Gegensatz zur Bebauung ist die Position von Vegetation in vielen Fällen vorher nicht bekannt und kann mit der Zeit auch an Stellen auftreten, an denen sie vorher nicht vorhanden war. Der Aspekt der Windbewegung kommt hier, selbst bei geringen Windgeschwindigkeiten, noch stärker zum Tragen.
Im Gegensatz zur Bebauung sind die detektierbaren Reflektionsmuster bei Vegetation oft nicht auf einen Punkt oder eine Linie beschränkt. Auf Grund ihrer räumlichen Ausdehnung verteilen sich die Detektionen auf eine größere Fläche. Auch die Vegetation wird in vielen Fällen im Doppler-Spektrum bei $f_D = 0\,\mathrm{Hz}$ zu finden sein. Allerdings treten bei diesen Zielen schon bei geringen Windbewegungen Doppler-Verschiebungen auf.
Die in Abb. 5.4 dargestellten Messwerte stammen aus einer Messung, bei der sich direkt vor dem Radarsensor mehrere kleine Büsche befanden. Es wurde etwa eine Minute lang gemessen. Die Detektionen sind zwar auf einen größeren Bereich verteilt, aber auf den Nahbereich des Sensors konzentriert. Der absolute Empfangspegel erreicht im Fall von Vegetation höhere Werte als der Zaun und ist weiter gestreut. Bei der Höhe des Empfangspegels ist jedoch zu beachten, dass die Vegetation nur in geringer Entfernung zum Sensor detektiert wird. Aufgrund des geringen Rückstreuquerschnitts σ würde in der Entfernung, in der der Zaun detektiert wird, die Vegetation entweder gar nicht oder mit einem geringen Pegel über dem Rauschen entdeckt werden. Die gemessenen radialen Geschwindigkeiten sind höher als bei der Zaunmessung und weisen eine größere Streuung auf. Dies dürfte, wie weiter oben bereits erwähnt, zum einen damit zusammenhängen, dass Vegetation stärker vom Wind beeinflusst wird und zum anderen damit, dass, im Gegensatz zum Zaun, die Büsche sich auch in Richtung des Sensors bewegen können.
In Abb. 5.4 ist deutlich die Ausblendung der Detektionen bei der Doppler-Frequenz $f_D = 0\,\mathrm{Hz}$ zu sehen, die charakteristisch für einen FSK-Sensor ist.

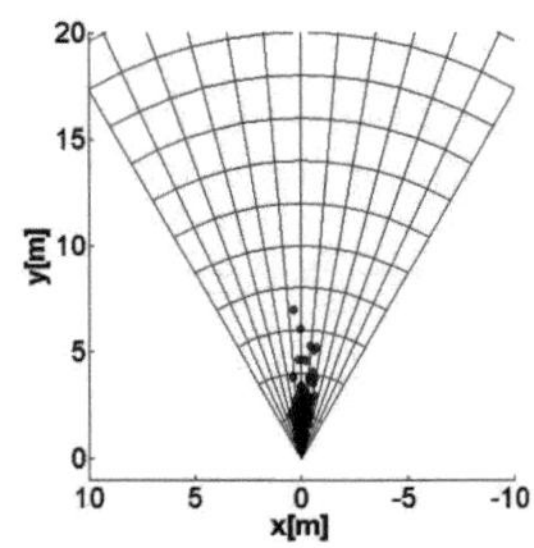

(a) Ort

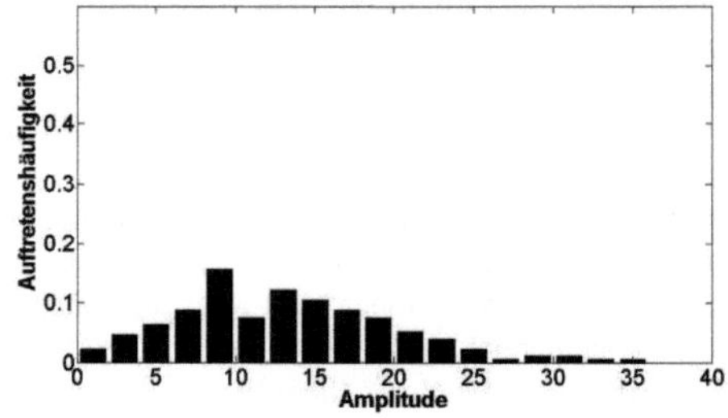

(b) Amplitudenverteilung

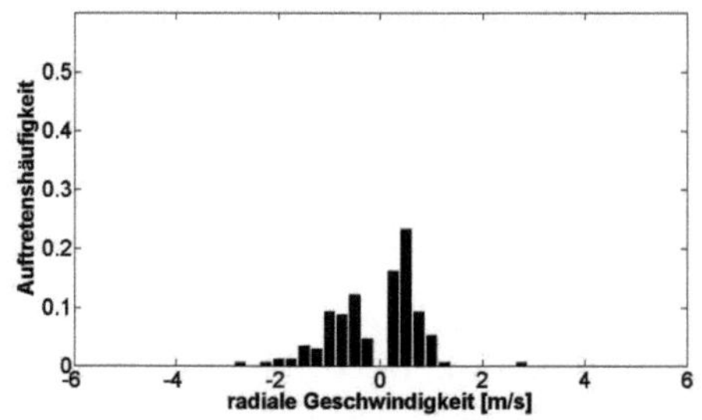

(c) Geschwindigkeitsverteilung

Abbildung 5.4: Reflektionsmuster großflächiger Vegetation bei Wind, gemessen mit einem FSK-Radarsensor mit Monopulstechnik zur Winkelbestimmung

Niederschlag

Niederschlag, wie Regen oder Schnee, tritt im gesamten Beobachtungsgebiet gleichmäßig auf. Somit ist die Position weder vorher bekannt, noch bleibt sie über die gesamte Zeit konstant. Auch Niederschlag kann eine Geschwindigkeitskomponente haben. Durch den Wind wird der Niederschlag auf den Radarsensor zu oder von ihm weg getrieben, so dass eine radiale Geschwindigkeit messbar ist.
Der Radarrückstreuquerschnitt σ von Niederschlag ist im Vergleich zu den anderen beobachteten Objekten relativ gering. Das führt dazu, dass Niederschlag nur im Nahbereich der Radarsensoren detektiert wird, dort allerdings über eine größere Fläche ausgedehnt. Durch das systemweite Auftreten von Niederschlag wird jeder Radarsensor in dem Beobachtungsgebiet vermehrt Detektionen im Nahbereich registrieren. Abhängig von der Windgeschwindigkeit befinden sich diese Detektionen im Doppler-Spektrum in einem begrenzten Bereich.
In Abb. 5.5 und Abb. 5.6 sind Messwerte von zwei Radarsensoren während einer Regenphase zu sehen. Die Dauer der Aufnahme beträgt etwa 8 Minuten. Die beiden Radarsensoren waren etwa 120 Meter voneinander entfernt und orthogonal zueinander ausgerichtet. Wie man sieht, treten bei beiden Radarsensoren in der gleichen Region im Nahbereich ihres Sichtbereichs vermehrt Detektionen auf. Der absolute Empfangspegel ist im Durchschnitt geringer als bei den durch die Vegetation verursachten Reflektionen und, wenn die Entfernung mitberücksichtigt wird, auch viel geringer als bei den durch Zäune verursachten Reflektionen. Die auftretenden radialen Geschwindigkeiten sind ähnlich weit gestreut wie bei der Messung mit Vegetation, befinden sich aber in einem anderen Geschwindigkeitsbereich. Ein Vergleich der Messwerte der beiden Radarsensoren zeigt, dass die Geschwindigkeitswerte von den absoluten Werten her in einem ähnlichen Bereich liegen, sich aber in den Vorzeichen unterscheiden. Dies resultiert aus den verschiedenen Blickrichtungen der beiden Radarsensoren.

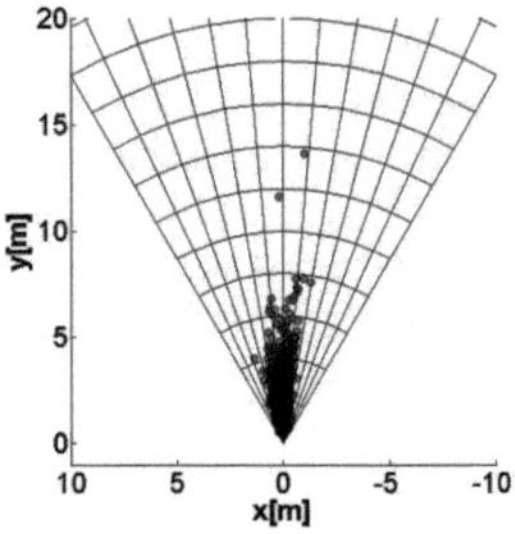

(a) Ort

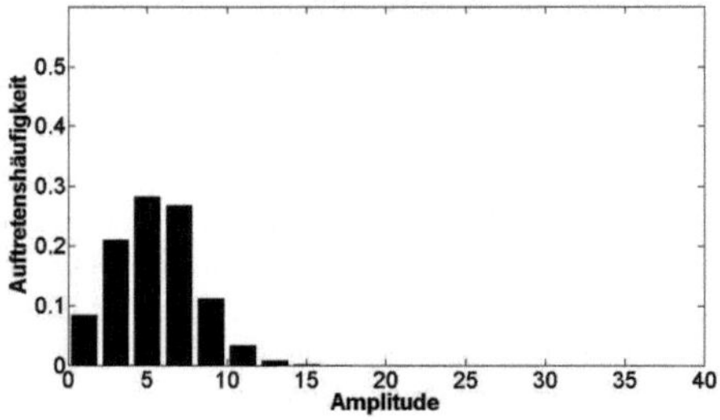

(b) Amplitudenverteilung

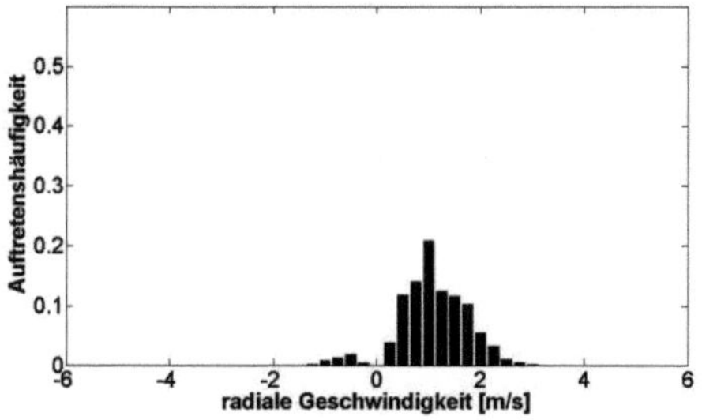

(c) Geschwindigkeitsverteilung

Abbildung 5.5: Reflektionsmuster von Niederschlag Sensor 1, gemessen mit einem FSK-Radarsensor mit Monopulstechnik zur Winkelbestimmung

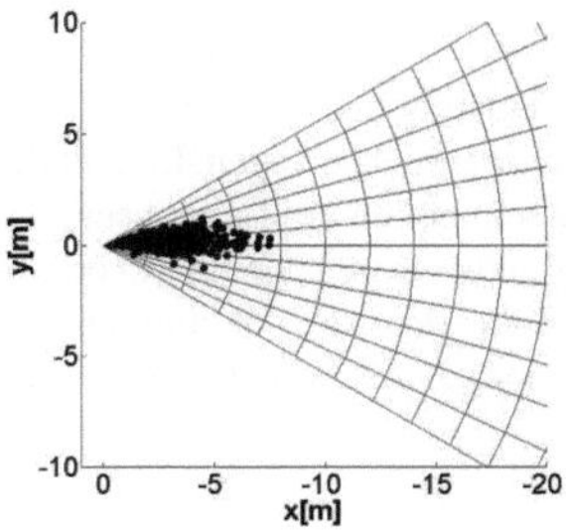

(a) Ort

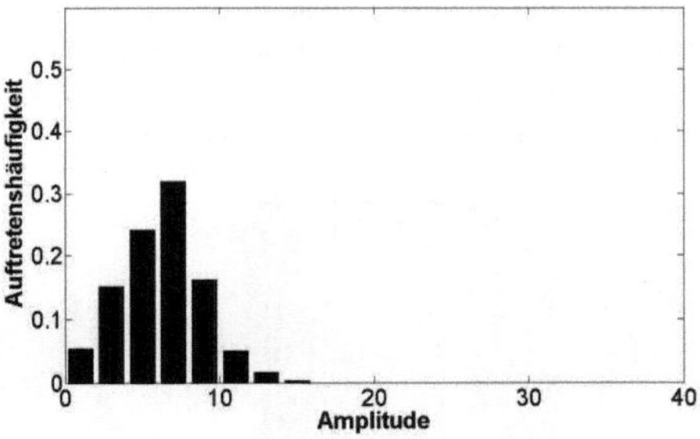

(b) Amplitudenverteilung

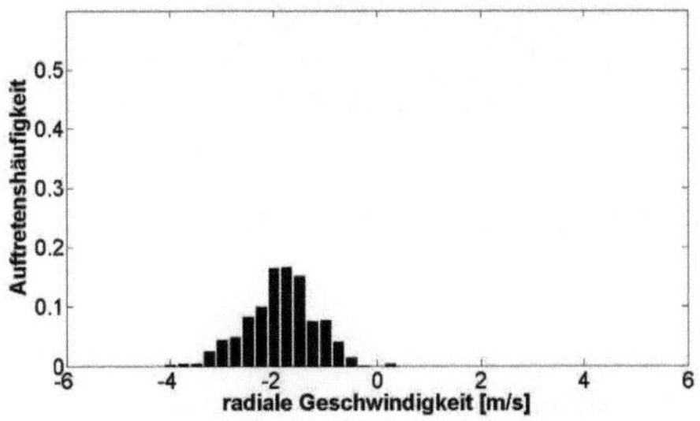

(c) Geschwindigkeitsverteilung

Abbildung 5.6: Reflektionsmuster von Niederschlag Sensor 2, gemessen mit einem FSK-Radarsensor mit Monopulstechnik zur Winkelbestimmung

5.1.2 Bewegte Objekte

Bewegte Objekte zeichnen sich dadurch aus, dass sie sich, wie der Name schon sagt, zielgerichtet im Beobachtungsbereich bewegen. Im Fall der Geländeüberwachung handelt es sich hierbei ausschließlich um Lebewesen, da Fahrzeuge in den hier betrachteten, zugangsbeschränkten Bereichen nicht vorkommen. Die bewegten Objekte werden unterteilt in Tiere, deren Reflektionssignale als Störsignale zu interpretieren sind, und in Personen, deren Detektionen zu einem Alarm führen sollen.

Tiere

Bei der Geländeüberwachung kann es vorkommen, dass sich kleine Tiere, wie Katzen oder Vögel, in dem Beobachtungsbereich bewegen. Da es sich um Bereiche mit stark reglementiertem Zugang durch Tore und Zäune handelt, wird der Aufenthalt von größeren Tieren von vornherein ausgeschlossen.

(a) Katze **(b)** Vögel

Abbildung 5.7: Kleintiere im Überwachungsbereich

Kleine Tiere haben eine geringe Reflektionsfläche. Ihr geringer Rückstreuquerschnitt σ hat zur Folge, dass sie im Mittel weniger Detektionen als Personen erzeugen. Allerdings müssen diese empfangenen Reflektionen nicht zwingend eine geringere Amplitude aufweisen als die von Personen.
Im Vergleich zu Menschen verfügen sie außerdem über ein anderes Bewegungsmuster, da sie sich entweder auf vier Beinen fortbewegen oder, im Fall von Vögeln, durch den Beobachtungsbereich fliegen. Die Unterschiede im Bewegungsmuster werden nicht auf der Detektionsebene abgebildet. Aber wird die Bewegung des Beobachtungsobjektes mit Hilfe eines Tracking-Algorithmus (vgl. 4.3) über

mehrere aufeinanderfolgende Messzyklen analysiert, können diese Unterschiede im Bewegungsverhalten festgestellt werden.
In Abb. 5.8 sind die Detektionen aufgezeigt, die durch eine Katze verursacht wurden, die sich in radialer Richtung vom Radarsensor wegbewegt. Die Länge der Pfeile verdeutlicht hierbei den Betrag und das Vorzeichen der gemessenen radialen Geschwindigkeit. Wie diese drei beispielhaften Messungen zeigen, können durch eine Katze verschiedene Häufigkeiten von Detektionen während eines Messzyklus verursacht werden. An Hand der Pfeile ist erkennbar, dass sich die gemessenen Geschwindigkeiten der einzelnen Detektionen nur geringfügig voneinander unterscheiden.

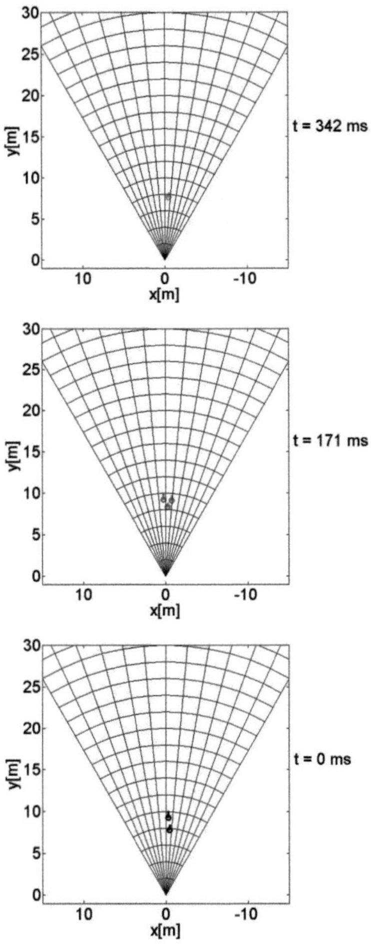

Abbildung 5.8: Drei aufeinanderfolgende Messungen einer Katze, die sich radial zum Sensor bewegt, gemessen mit einem FSK-Radarsensor mit Monopulstechnik zur Winkelbestimmung

Personen

Abbildung 5.9: Person im Überwachungsbereich

Personen sind in der Geländeüberwachung diejenigen Beobachtungsobjekte, deren empfangenen Reflektionen in der folgenden Signalverarbeitung als Nutzsignale interpretiert werden sollen. Genauso wie die kleinen Tiere bewegen sich Personen durch das Beobachtungsgebiet hindurch. Allerdings bieten sie einen größeren Rückstreuquerschnitt σ. Zudem weisen sie einen charakteristischen Bewegungsablauf beim Gehen auf. Dieser Bewegungsablauf und seine Auswirkungen auf das empfangene Reflektionssignal waren bereits Bestandteil verschiedener Untersuchungen [RR07, RFR06] und sollen hier nur zusammenfassend beschrieben werden.

Im Gegensatz zu Zielen aus der klassischen Radartechnik, wie Schiffen und andere Fahrzeugen, handelt es sich bei Personen nicht um starre Objekte, die sich gleichmäßig vorwärts bewegen. Um eine reine Vorwärtsbewegung zu erreichen, sind beim menschlichen Gehen gleichzeitig verschiedene Bewegungsabläufe der einzelnen Körperteile nötig. Zur Beschreibung dieser Abläufe wird der Körper in zwei Teile unterteilt [Per03]: das Unterteil, das aus den Beinen bis zum Becken besteht, und das Oberteil, das aus Kopf, Hals, Rumpf und Armen besteht. Die vorwärts gerichtete Bewegung wird durch das Unterteil bewirkt, das Oberteil übernimmt dabei eine passive Funktion. Zeitlich betrachtet ist das Gehen ein zyklischer Vorgang, der sich nach einem sogenannten Doppelschritt wiederholt. Ein Doppelschritt besteht aus zwei Einzelschritten und wird für das rechte und das linke Bein beschrieben, siehe Abb. 5.10.

Da der Doppelschritt für beide Seiten jedoch symmetrisch abläuft, wird hier im weiteren der Doppelschritt nicht nach ausführender Körperseite unterschieden. Ein Doppelschritt besteht aus einer Stand- und einer Schwungphase. Während der Standphase bewegt sich der Rumpf vorwärts über den vorderen aufgesetzten Fuß (Standbein), bis er eine Position vor dem Standbein erreicht hat, in der der

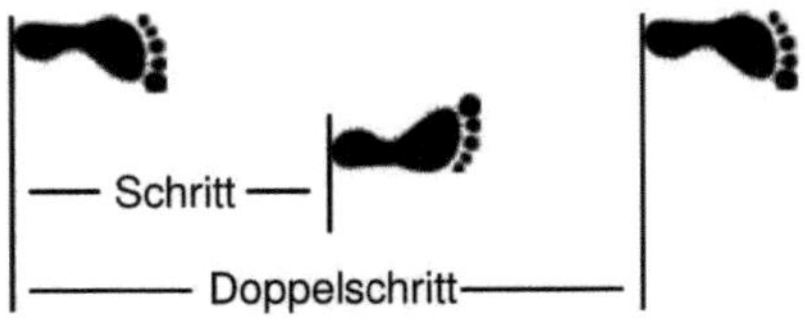

Abbildung 5.10: Schrittlänge und Gangzyklus [aus [Rit05]]

zweite Fuß aufgesetzt werden kann. Danach folgt die Schwungphase, in der sich der nun hintere Fuß vom Boden löst und unter dem Rumpf hindurch nach vorne geschwungen wird. Diese grobe Abfolge ist in Abb. 5.11 grafisch visualisiert.

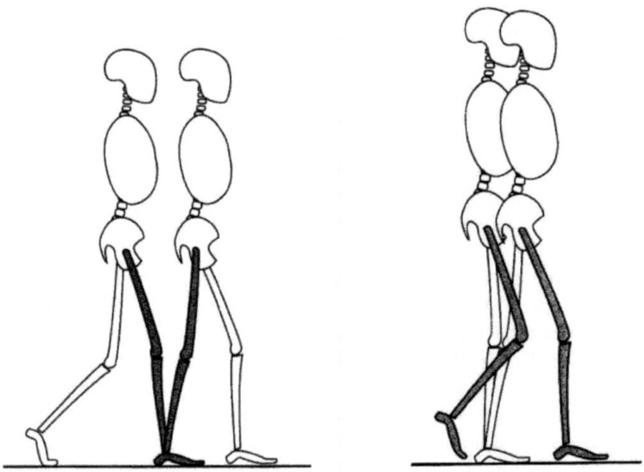

(a) Standphase **(b)** Schwungphase

Abbildung 5.11: Bewegungsablauf einer Person (aus [Per03])

Dieser Bewegungsablauf sorgt für verschiedene Geschwindigkeiten von Standbein, Schwungbein und Rumpf. Für den Oberkörper ergibt sich beim Gehen eine Schwingung in vertikaler Richtung. Außerdem entstehen verschiedene Geschwindigkeiten des Kopfs, des Rumpfs und der Arme in Richtung der eigentlichen Bewegung. Die vertikale Bewegung soll hier nicht weiter betrachtet werden und auch die horizontale wird nur kurz der Vollständigkeit halber angerissen, da sie keinen deutlichen Einfluss auf die später betrachteten Muster im Empfangssignal haben werden. Der Rumpf einer Person bewegt sich nicht gleichförmig vorwärts, sondern die Geschwindigkeit ändert sich periodisch. Dies kommt dadurch zustande, dass der Oberkörper, um Schwung aufzunehmen, bei jedem Schritt nach vorne gebeugt wird. Wenn die Arme während des Gehens eingesetzt werden, bewegen sie sich genau entgegengesetzt zu dem Bein auf der selben Körperseite. Allerdings ist diese zusätzliche Bewegung nicht nötig und wird auch nicht von jeder Person beim Gehen durchgeführt.

Für das empfangene Radarsignal bedeuten die beschriebenen Eigenschaften des menschlichen Gehens, dass auf Grund des großen Rückstreuquerschnittes σ von Personen die verursachten Reflektionen durchgängig detektiert werden. Die verschiedenen Geschwindigkeiten der einzelnen Körperteile beim Gehen führen dazu, dass die von einer Person herrührenden Empfangssignale ein breites Doppler-Spektrum aufweisen. Wenn der verwendete Radarsensor über eine entsprechende Geschwindigkeitsauflösung verfügt, wird eine Person, die sich bewegt, demnach durch mehrere Detektionen in einem Messzyklus repräsentiert. Dieses Phänomene wirkt sich besonders stark auf die Empfangssignale des Radarsensors aus, wenn sich eine Person direkt auf den Sensor zu oder von ihm weg bewegt. Beispielhaft sind in Abb. 5.12 Detektionen aus drei aufeinander folgenden Messzyklen aufgetragen. Die Person ist in diesem Fall langsam direkt auf den Radarsensor zugegangen. Auf diese Weise ergibt sich eine hohe radiale Geschwindigkeitskomponente relativ zum Radarsensor. Die Länge der Pfeile entspricht den gemessenen radialen Geschwindigkeiten. Wie sich zeigt, werden während der meisten Messzyklen mehrere Detektionen gleichzeitig erzeugt, die sich in der radialen Geschwindigkeit verschieden stark voneinander unterscheiden.

Die Ausdehnung im Doppler-Spektrum, also die Differenz zwischen den einzelnen gemessenen Geschwindigkeiten, ist unterschiedlich, je nach Gangphase in der sich die Person befindet [Rit05]. Am Anfang der beiden Phasen sind die Beine (und ggf. Arme) maximal ausgelenkt. Die Extremitäten befinden sich somit gerade an dem Punkt, an dem sich ihr Schwung umkehrt. Im Bezug auf den Rumpf haben sie also fast keine relative Geschwindigkeit. Folglich bewegt sich der gesamte Körper annähernd mit einer gemeinsamen Geschwindigkeit vorwärts. Das genaue Gegenteil geschieht zu dem Zeitpunkt, an dem sich Arme und Beine direkt am bzw. unter dem Körper befinden. In diesem Augenblick bewegt sich der Rumpf, wie oben beschrieben, über das Standbein hinweg. Gleichzeitig bewegt sich das Schwungbein in Richtung des Rumpfes. Dies geschieht mit einer größeren Geschwindigkeit als der des Rumpfes. Dadurch ergibt sich ein breites Doppler-Spektrum, das bei ausreichender Geschwindigkeitsauflösung zu mehreren Detektionen mit verschiedenen Geschwindigkeiten führt. Diese Breitenänderung des Doppler-Spektrums wiederholt sich periodisch, wobei die Länge der Pe-

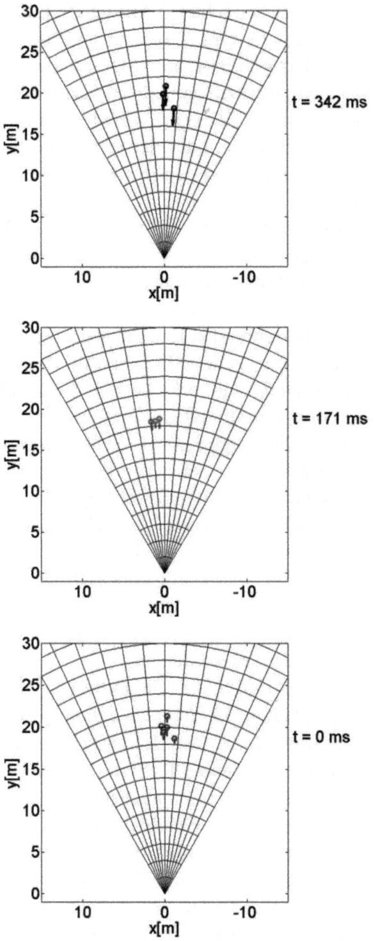

Abbildung 5.12: Drei aufeinanderfolgende Messungen einer Person, die sich radial auf den Radarsensor zu bewegt, gemessen mit einem FSK-Radarsensor mit Monopulstechnik zur Winkelbestimmung

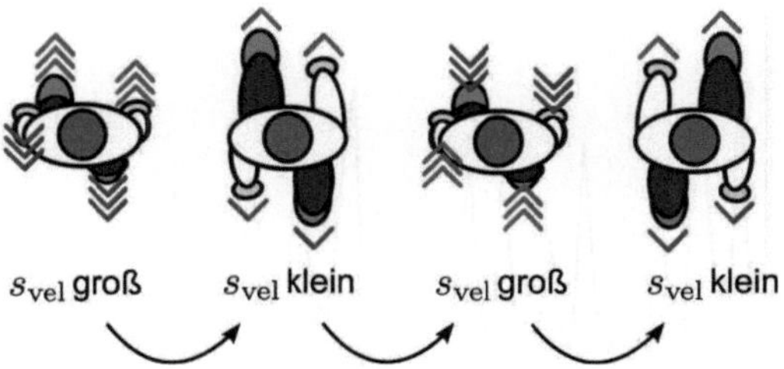

Abbildung 5.13: Periodische Veränderung der Standardabweichung s_{vel} der gemessenen Geschwindigkeiten einer gehenden Person (aus[Ham08])

riode abhängig ist von der Geschwindigkeit, mit der sich die Person bewegt. Je schneller eine Person geht, desto häufiger wechseln sich die einzelnen Gangphasen ab und desto schneller ändert sich auch die Breite des Doppler-Spektrums [Ham08]. Mathematisch kann diese Breite des Doppler-Spektrums mit Hilfe der Standardabweichung s_{vel} der gemessenen Geschwindigkeiten beschrieben werden. Über der Zeit ändert sich somit die Standardabweichung s_{vel} periodisch. Dies wird in Abb.5.13 noch einmal anschaulich dargestellt. Um die periodische Veränderung der Breite des detektierten Doppler-Spektrums zu veranschaulichen, wird die Standardabweichung s_{vel} der auftretenden radialen Geschwindigkeiten v_r der N Detektionen eines Messzyklus analysiert. Diese wird mit der folgenden Formel geschätzt:

$$s_{vel} = \sqrt{\frac{1}{N-1}\sum_{i=0}^{N}\left(v_{r,i} - \frac{1}{N}\sum_{k=0}^{N}(v_{r,k})\right)^2} \qquad (5.1)$$

Über der Zeit betrachtet ist, wie zuvor beschrieben, eine periodische Veränderung der Standardabweichung s_{vel} zu erkennen, siehe Abb. 5.14. Eine Frequenzanalyse der Standardabweichung s_{vel} bestätigt dieses, siehe Abb. 5.15. Bei einer Frequenz von 1,6 Hz ist ein Maximum zu beobachten. Diese Frequenz entspricht der Schrittfrequenz eines langsam gehenden Menschen. Für laufende Personen ist dieser Effekt nicht mehr zu beobachten. Das liegt daran, dass sich mit einer Abtastrate von $f_a = \frac{1}{171 \cdot 10^{-3}\,\mathrm{ms}} = 5{,}8\,\mathrm{Hz}$ nach dem Kotelnikow-Abtasttheorem eine maximal messbare Frequenz von $f_{max} = \frac{f_a}{2} = 2{,}9\,\mathrm{Hz}$ ergibt, vgl. [Fli91, Kot33], und die Schrittfrequenz eines laufenden Menschen oberhalb dieser Grenze liegt.
Die aus der Ganganalyse extrahierten Merkmale des Radarsignals können zu der Entscheidung beitragen, dass es sich bei dem detektierten Objekt um eine Person handelt.

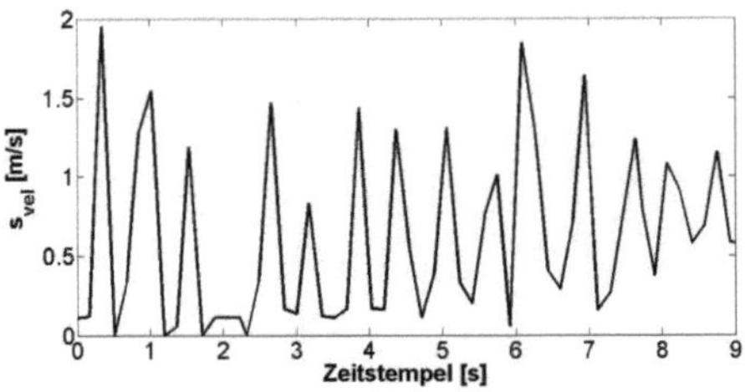

Abbildung 5.14: Standardabweichung s_{vel} der radialen Geschwindigkeiten über der Zeit

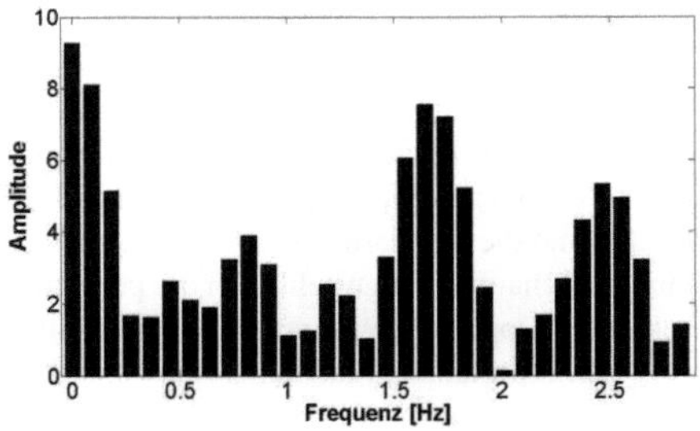

Abbildung 5.15: Frequenzanalyse der Standardabweichung s_{vel} der radialen Geschwindigkeiten eines Fußgängers

Der Umkehrschluss, dass die Abwesenheit der geschilderten Merkmale im Echosignal bedeutet, dass es sich bei dem beobachteten Objekt nicht um eine Person handelt, ist aber falsch. Es könnte sich in diesem Fall möglicherweise um eine Person handeln, die nicht geht, sondern sich anders fortbewegt, beispielsweise kriecht. Deshalb müssen weitere Unterscheidungsmerkmale gefunden werden, die eine sichere Entscheidung zulassen.

Auf Grund der geringeren Körpergröße von Katzen ist der absolute Empfangspegel der Reflektionssignale im Fall von Katzen geringer als bei Personen. Aus diesem Grund werden Katzen auch nur im Nahbereich des Radarsensors detektiert, wohingegen Personen noch in Entfernungen von bis zu 80 m sicher detektiert werden.

Um die Empfangsamplituden vergleichen zu können, ist darauf zu achten, dass jeweils die Detektionen mit der höchsten Amplitude während einer Messung ausgewählt werden. Ansonsten würden Detektionen der Arme und Beine mit in den Vergleich einfließen, die einen geringeren Rückstreuquerschnitt aufweisen und damit das Ergebnis verfälschen würden. Die Messwerte in Abb. 5.16 zeigen einen solchen Vergleich zwischen den Empfangsamplituden. Die Person und die Katze befanden sich in diesem Fall etwa in gleicher Entfernung, zwischen 5 m und 10 m zu dem Radarsensor, so dass die Entfernungsabhängigkeit der Empfangsamplitude keinen Einfluss auf die Ergebnisse hatte.

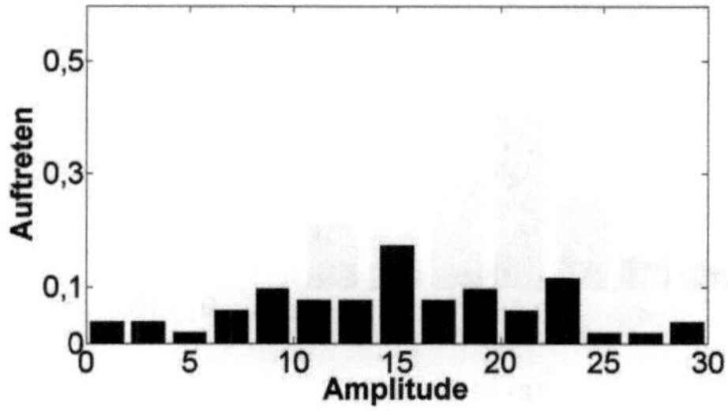

(a) Mensch

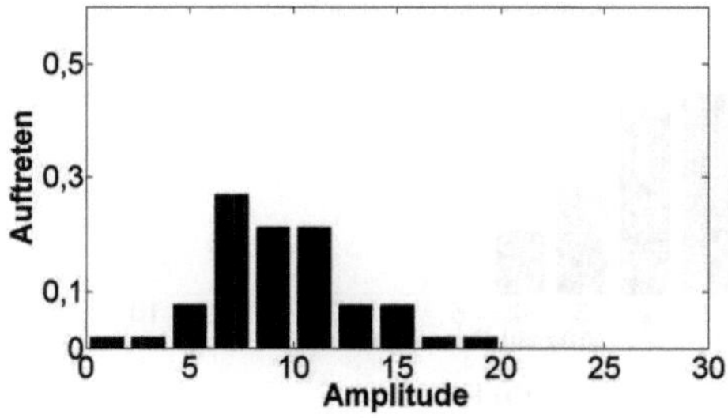

(b) Katze

Abbildung 5.16: Vergleich der Verteilung der Empfangsamplituden der Reflektionen

Die Empfangsamplitude ist sowohl stark abhängig von der Entfernung als auch von dem Aspektwinkel, unter dem ein Objekt beobachtet wird, so dass die Festlegung von zuverlässigen, allgemein gültigen Schwellen zur Unterscheidung von Kleintieren und Menschen sich äußerst schwierig gestaltet. Aus diesem Grund muss ein robusteres Kriterium für die Unterscheidung Mensch Kleintier gefunden werden.

Eine Analyse der Anzahl der Detektionen pro Messzyklus zeigt, dass sich dort deutliche Unterschiede ergeben, die nicht so eine große Fluktuation wie die Werte der Empfangsamplitude aufweisen, siehe Abb. 5.17. Im Schnitt treten pro Messzyklus bei Personen mehr Detektionen auf als bei kleinen Tieren. Dies ist darauf zurückzuführen, dass bei einer gehenden Person in vielen Fällen auch noch die sich verschieden schnell bewegenden Extremitäten detektiert werden.

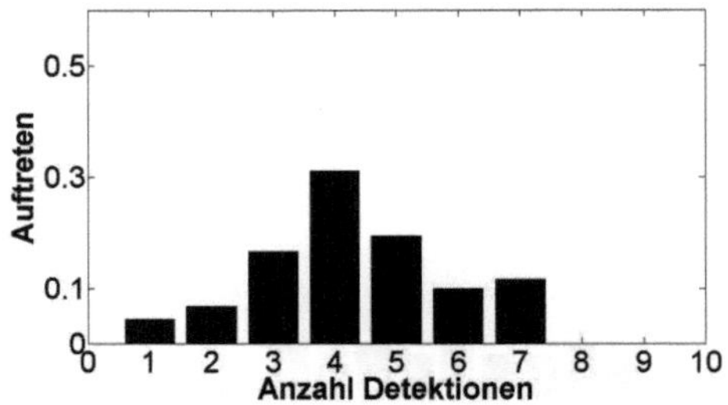

(a) Mensch

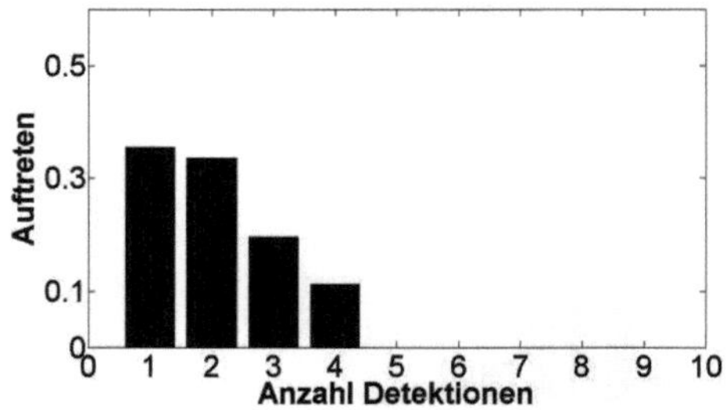

(b) Katze

Abbildung 5.17: Vergleich der Anzahl der Detektionen pro Messzyklus

Bisher wurden nur die zum Radarsensor radialen Bewegungen der bewegten Objekten betrachtet. Abb. 5.18 zeigt die Messergebnisse von drei aufeinander folgenden Messzyklen einer sich quer zum Radarsensor bewegenden Person. Die auftretenden radialen Geschwindigkeiten sind gering. Aber da sich aus dem Bewegungsablauf immer noch gewisse radiale Geschwindigkeitskomponenten der einzelnen Extremitäten ergeben, wird die Person trotzdem detektiert. Die Anzahl der Detektionen pro Messzyklus ist allerdings geringer als bei einer sich radial zum Radarsensor bewegenden Person, siehe Abb. 5.19.

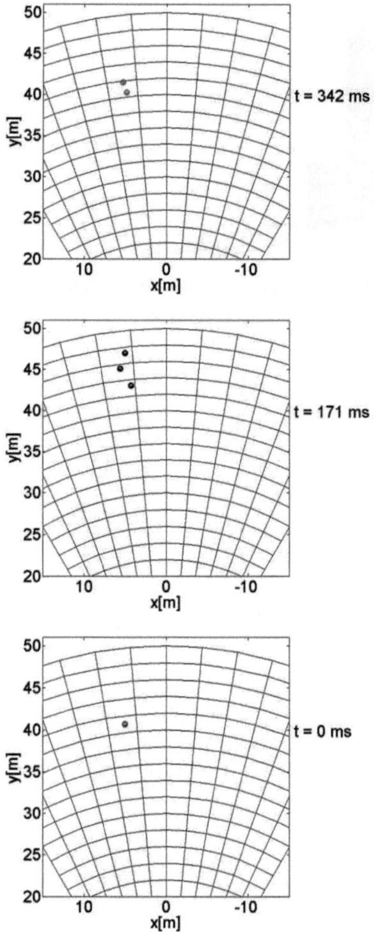

Abbildung 5.18: Drei aufeinanderfolgende Messungen einer Person, die sich quer zum Radarsensor bewegt, gemessen mit einem FSK-Radarsensor mit Monopulstechnik zur Winkelbestimmung

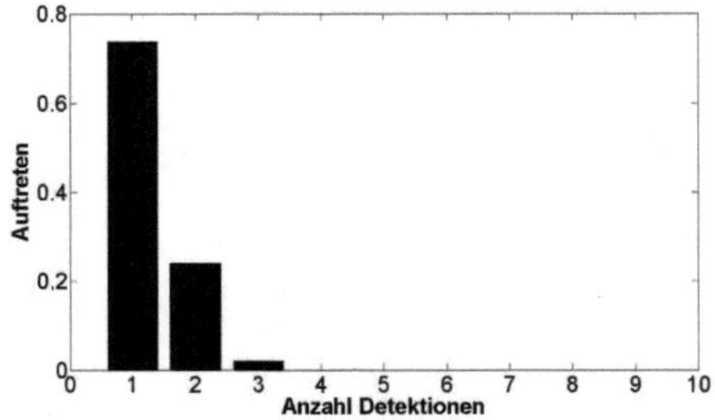

Abbildung 5.19: Anzahl der Detektionen pro Messzyklus einer Person, die sich quer zum Radarsensor bewegt

5.1.3 Fazit aus den beobachteten Eigenschaften

Die Analyse der gesammelten Messdaten des FSK-Radarsensors hat gezeigt, dass sich die verschiedenen Eigenschaften der Objektklassen auch in den empfangenen Reflektionsmustern widerspiegeln. Eine Zusammenfassung der verschiedenen Eigenschaften ist in Tabelle 5.2 aufgelistet. Zusätzlich hat sich gezeigt, dass trotz der Ausblendung von Detektionen mit einer Doppler-Frequenz $f_D = 0\,\text{Hz}$ auch sich tangential bewegende Personen immer noch sicher detektiert werden. Insgesamt kann somit gesagt werden, dass mit dem FSK-Radarsensor eine zuverlässig Detektion von Personen gewährleistet ist und gleichzeitig aus den Empfangssignalen verschiedene Merkmale extrahiert werden können, so dass eine Unterscheidung der vorgestellten Objektklassen möglich ist. Der ausgewählte 24 GHz-Radarsensor ist folglich gut für diese Aufgabe geeignet. Die Verfahren zur Unterscheidung der Objektklassen werden in Kapitel 6 beschrieben.

	Bebauung	Vegetation	Niederschlag	Tiere	Personen
Objektgruppe	stationär	stationär	stationär	bewegt	bewegt
Radarrückstreuquerschnitt σ	großes σ	geringes σ	geringes σ	geringes σ	großes σ
Räumliche Ausdehnung	nicht großflächig	ggf. großflächig	großflächig	keine räumliche Ausdehnung	keine räumliche Ausdehnung
Position bekannt	ja	nein	nein	nein	nein
Auftreten	Nahbereich	Nahbereich	Nahbereich	Nahbereich	Gesamter Sichtbereich

Tabelle 5.2: Zusammenfassung der Eigenschaften der verschiedenen Objektklassen

5.2 Objektklasse der Rollfeldüberwachung

Die bei der Rollfeldüberwachung auftretenden Objekte unterscheiden sich stark von denen der Geländeüberwachung. Aber auch für diese Aufgabe wurde ein 24 GHz-Radarsensor als Messmittel ausgewählt. Um den Radarsensor an die neue Aufgabe anzupassen, wurde jedoch eine modifizierte Modulation gewählt.
Die einzig relevante Objektklasse bei der Rollfeldüberwachung ist die der Flugzeuge. Auf Grund ihrer Größe, der Geometrie und der verwendeten Materialien sind Flugzeuge gute Reflektoren, so dass sie ohne größeren Aufwand von anderen Objektklassen getrennt werden können. Hinzu kommt, dass die rollenden Flugzeuge sich ausschließlich auf vorher bekannten Rollwegen bewegen, so dass Randbebauung oder Vegetation je nach Auftrittsort der Detektionen ausgeblendet werden können. Aus diesen Gründen steht der Klassifikationsaspekt bei dieser Anwendung nicht im Vordergrund. Viel wichtiger ist hier die genaue Bestimmung der Position und Ausdehnung der Beobachtungsobjekte, um gesicherte Aussagen über die Aufenthaltsorte und das Bewegungsverhalten der verschiedenen Flugzeuge machen zu können und so Gefahrensituationen zu erkennen und vor ihnen zu warnen.
Da in diesem Fall zum einen auch still stehende Flugzeuge von Interesse sind und zum anderen eine Entfernungsauflösung zur Bestimmung der Ausdehnung benötigt wird, wurde ein Radarsensor mit LFMSK-Modulation (siehe Kapitel 3.4.2) verwendet. Auch bei diesem Sensor wird über die Phasenmonopuls-Technik der azimutale Winkel der Beobachtungsobjekte bestimmt. Die Eigenschaften dieses Radarsensors und die daraus resultierenden Qualitätsmerkmale sind Tabelle 5.3 zu entnehmen.

Größe	Wert
Sendefrequenz f_T	24 GHz
Frequenzsprung f_{Shift}	1,2 MHz
Frequenzhub f_{Hub}	180 MHz
Beobachtungsdauer T_{Chirp}	40 ms
Geschwindigkeitsauflösung Δv_r	0,16 m/s
Entfernungsauflösung ΔR	0,8 m

Tabelle 5.3: Eigenschaften des für die Aufgabe der Rollfeldüberwachung verwendeten LFMSK-Radarsensors

5.2.1 Flugzeuge

(a) Fokker 50 (Copyright Knut Raddatz)

(b) Boeing 737 (Copyright Tobias Koschel)

(c) Embraer ERJ-145 (Copyright Danny Gans)

Abbildung 5.20: Flugzeugtypen

Es gibt viele verschiedene Arten von Flugzeugen, die nach Art der Auftriebserzeugung (Starrflügel- und Drehflügelflugzeuge), der Art der Vortriebserzeugung (z.B. Propeller- und Strahlflugzeuge) und Art des Einsatzes (z.B. Sport-, Verkehrs- oder Militärflugzeuge) unterteilt werden können. Die hier vorliegenden Messdaten stammen von drei verschiedenen Flugzeugtypen. Bei den drei betrachteten Flugzeugen handelt es sich um herkömmlich Verkehrsflugzeuge. Was die Art des Auftriebs betrifft, sind alle drei Flugzeugtypen Starrflügler. Dies sind Flugzeuge, „bei denen die fest mit dem Rumpf verbundenen Flügel infolge ihres Profils und ihrer Anstellung als Auftriebskörper wirken", [Mey92]. Bei der Vortriebserzeugung sind sowohl Propeller- als auch Strahlflugzeuge berücksichtigt. Die Eigenschaften der konkret betrachteten Flugzeuge und die resultierenden radartechnischen Eigenschaften lassen sich leicht auf andere Flugzeugtypen erweitern. Durch die verwendeten Materialien, die großen Reflektionsflächen und die verwinkelten Strukturen sind Flugzeuge gute Reflektoren. Im Vergleich zu den bisher betrachteten bewegten Objekten verfügen sie über eine erheblich größere räum-

liche Ausdehnung. Die Flugzeuge, die in dieser Anwendung betrachtet werden, rollen auf dem Vorfeld und befinden sich auf dem Weg zu ihren Park- oder Startpositionen. Das bedeutet, dass sie sich mit Geschwindigkeiten kleiner als 50 km/h bewegen. Auch wenn das Flugzeug still steht, sind die Triebwerke in den hier betrachteten Situationen immer in Bewegung. Bei den Triebwerken muss zwischen Düsen- und Propellerflugzeugen unterschieden werden. Im Fall der Propellerflugzeuge sind die beweglichen Teile direkt frei zugänglich, wogegen sie bei den Düsenflugzeugen durch die Turbinenhülle geschützt werden.
Wie oben erwähnt, weisen Flugzeuge einen großen Rückstreuquerschnitt σ auf, was zu einer hohen Detektionswahrscheinlichkeit führt. Luftraumüberwachungsradare haben eine Reichweite von mehreren Kilometern und eine Entfernungsauflösung von mehr als 100 m. Bei einem solchen System werden auch große Objekte wie Flugzeuge nur als Punktziele wahrgenommen. Die hier verwendeten Radarsensoren haben dagegen eine viel kleinere Entfernungsauflösung von unter 1 m. Dadurch werden Flugzeuge für diese Radarsensoren zu in Entfernung ausgedehnten Zielen. Bei Düsenflugzeugen werden die beweglichen Teile des Antriebs nicht detektiert, aber bei Propellerflugzeugen führt die Detektion der Propellerblätter zusätzlich zu einem in der Geschwindigkeit ausgedehntem Ziel.
Die drei Flugzeugtypen, deren Reflektionsmuster hier betrachtet werden sollen, sind zwei Strahlflugzeuge, eine Embraer ERJ-145 und eine Boeing 737-300, sowie ein Propellerflugzeug, eine Fokker 50, siehe Abb. 5.20.
Für die Messungen auf dem Flughafenvorfeld wurde ein an einem PKW montierter Radarsensor verwendet. Der Radarsensor war leicht nach oben gerichtet, siehe Abb. 5.21, um möglichst wenig Detektionen vom Boden zu erhalten und das Flugzeug komplett in der Antennenkeule beobachten zu können.

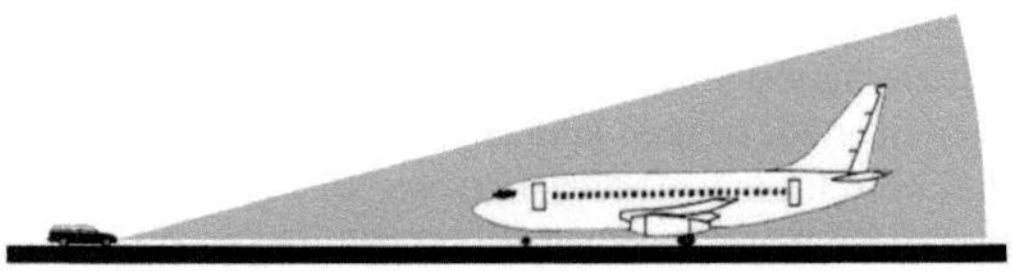

Abbildung 5.21: Montage des Radarsensors an einem PKW

Der PKW mit dem Radarsensor befand sich auf der Längsseite einer T-Kreuzung zweier Runways, so dass mit dem Radarsensor frontal die Annäherung der Flugzeuge beobachtet werden konnte, siehe Abb. 5.22. Der Radarsensor stand etwa 2 m zur Mitte des Runways versetzt.

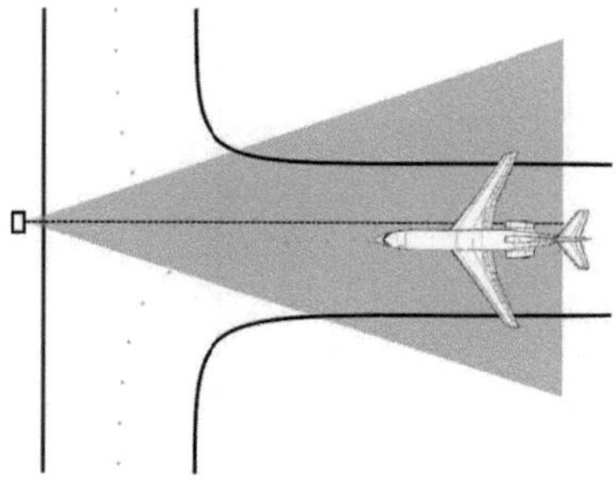

Abbildung 5.22: Messaufbau zur Messung der Reflektionsmuster von Flugzeugen

Die Ergebnisse dieser Messungen werden für die Embraer ERJ-145 und die Boeing 737-300 in Abb. 5.23 und Abb. 5.24 dargestellt. Die unterschiedlichen Farben ordnen die einzelnen Detektionen den verschiedenen Messzeitpunkten zu. Die Zahlen auf der rechten Seite geben die Anzahl der Detektionen in dem jeweiligen Messzyklus an.
Auch hier symbolisieren die Pfeile das Vorzeichen und den Betrag der gemessenen radialen Geschwindigkeit. Die Pfeile am linken Bildrand beschreiben die über mehrere Messzyklen an Hand der Position gemittelte, tatsächliche Geschwindigkeit der Flugzeuge, so dass ein Vergleich zwischen den gemessenen und der tatsächlichen Geschwindigkeit möglich ist.
Pro Messzyklus wurden durchgängig mehrere Detektionen erzeugt, die sich in der gemessenen Entfernung stark voneinander unterschieden. Das zeigt, dass die räumliche Ausdehnung der Flugzeuge sich deutlich auf die Messergebnisse auswirkt. Die gemessenen Geschwindigkeiten unterscheiden sich, wenn überhaupt, nur minimal voneinander und entsprechen der gemittelten tatsächlichen Geschwindigkeit. Bei Strahlflugzeugen ist demnach keine Ausdehnung in Geschwindigkeit zu beobachten.
In Abb. 5.25 sind die Detektionen eines Propellerflugzeuges, einer Fokker 50 , nach dem gleichen Prinzip aufgetragen. Im Schnitt ergibt sich hier eine größere Anzahl an Detektionen pro Messzyklus als bei den Strahlflugzeugen. Dies liegt an der, durch die Propeller verursachten, zusätzlichen Ausdehnung in Geschwindigkeit. Diese ist an den verschiedenen Längen und teilweise sogar Richtungen der Geschwindigkeitspfeile zu erkennen.

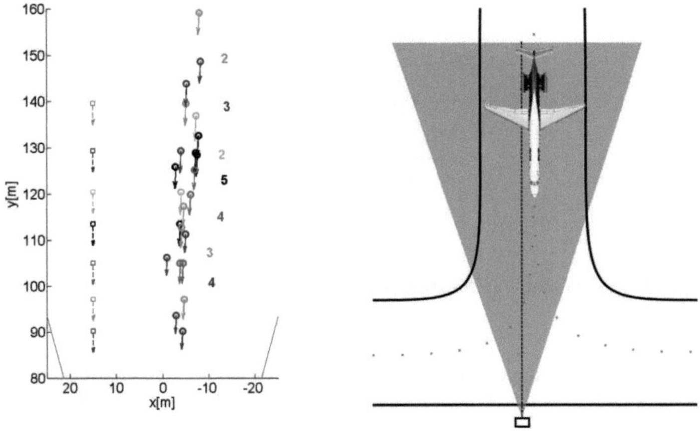

Abbildung 5.23: Detektionen einer Embraer ERJ-145

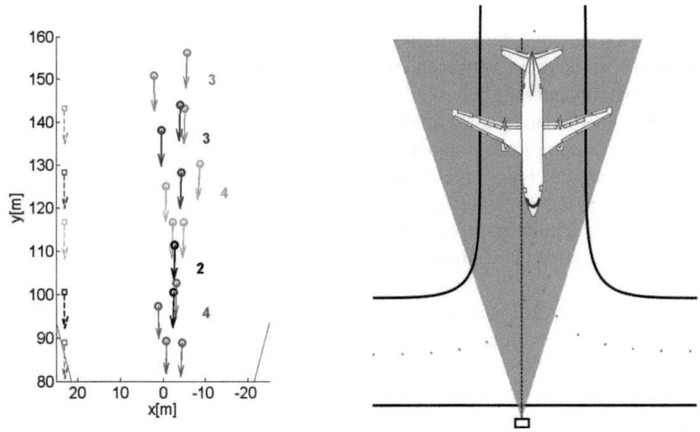

Abbildung 5.24: Detektionen einer Boeing 737-300

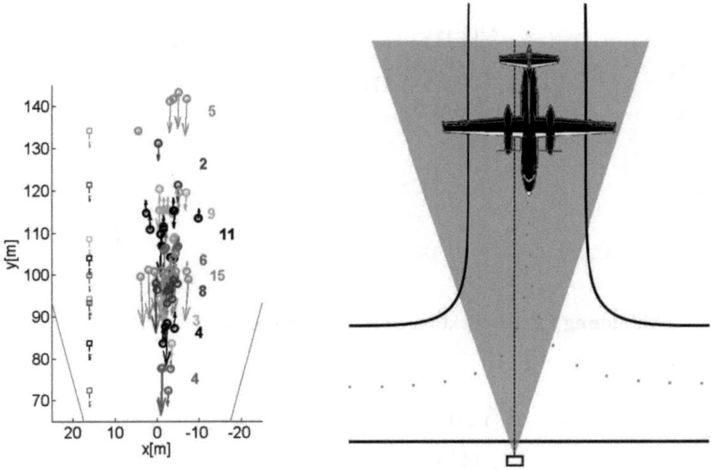

Abbildung 5.25: Detektionen einer Fokker 50

Um Flugzeuge über der Zeit verfolgen und eine sichere Entscheidung darüber treffen zu können, ob es mit der Spitze eine Stopbar überfahren hat, sind zwei Faktoren entscheidend. Diese sind zum einen die Position der Reflektionszentren am Flugzeugrumpf, um aus den Radardetektionen die genaue Position des Flugzeuges bestimmen zu können, und zum anderen die Stabilität dieser Reflektionszentren, um sie kontinuierlich über der Zeit verfolgen zu können. Um diese beiden Eigenschaften zu betrachten, wurde die Entfernung der Detektionen über der Zeit aufgetragen. Die resultierenden Grafiken sind für die beiden Strahlflugzeuge in Abb. 5.26 und Abb. 5.27 zu sehen.
Für beide Flugzeugtypen ergeben sich jeweils drei Geraden, da der Aspektwinkel, unter dem die Flugzeuge beobachtet werden, sich nicht verändert. Dadurch sind die auftretenden Reflektionszentren stabil über der Zeit. Durch Vergleich der Abstände dieser Geraden untereinander mit den Abmessungen der Flugzeuge kann gezeigt werden, dass den Detektionen charakteristische Punkte am Flugzeug zuordenbar sind. Die für die sichere Entscheidung, ob ein Flugzeug eine Stopbar überfahren hat, wichtige Position der Flugzeugspitze ist demnach mit hoher Genauigkeit bestimmbar. Eine endgültige Aussage über die Länge des Flugzeuges kann jedoch nicht getroffen werden.

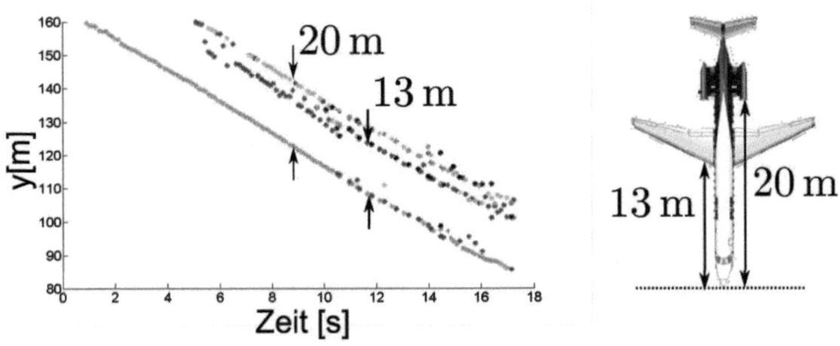

Abbildung 5.26: Reflektionszentren der Embraer ERJ-145

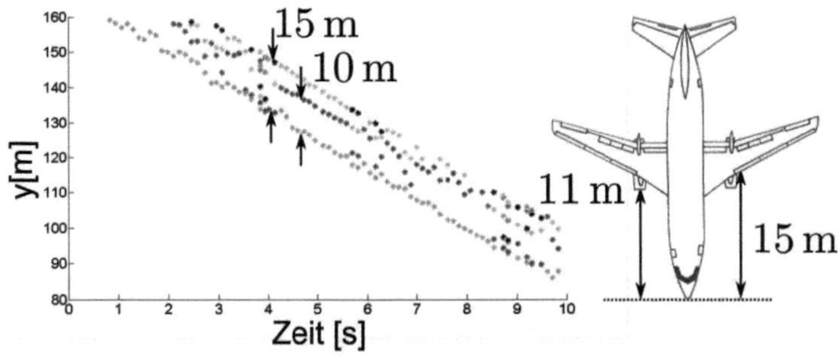

Abbildung 5.27: Reflektionszentren der Boeing 737-300

Die gleiche Betrachtung für die Fokker 50 führt zunächst zu einem unübersichtlichen Bild, siehe Abb. 5.28. Es lassen sich zwar eine minimale und eine maximale Entfernung zum Radarsensor ablesen, aber es sind keine konstanten Reflektionszentren im mittleren Bereich erkennbar. Ein klareres Bild ergibt eine Filterung, bei der nur Detektionen zugelassen werden, deren gemessenen Geschwindigkeiten das gleiche Vorzeichen haben, wie die tatsächliche Geschwindigkeit des Flugzeuges. Dadurch wird ein Teil der vom Propeller stammenden Detektionen ausgeschlossen. So sind wieder drei Geraden erkennbar, siehe Abb. 5.29.

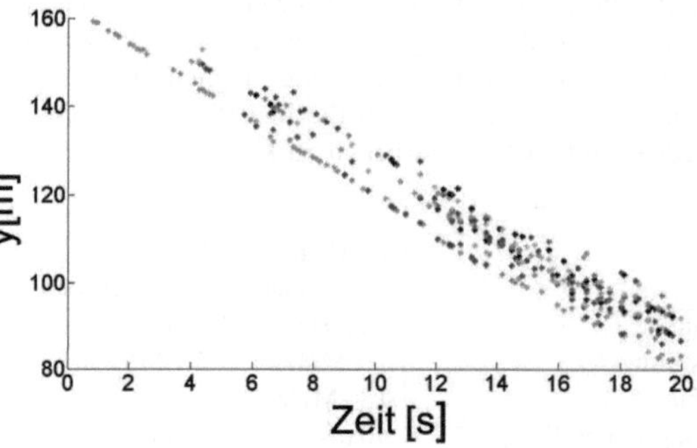

Abbildung 5.28: Alle Detektionen aus der Messung einer Fokker 50

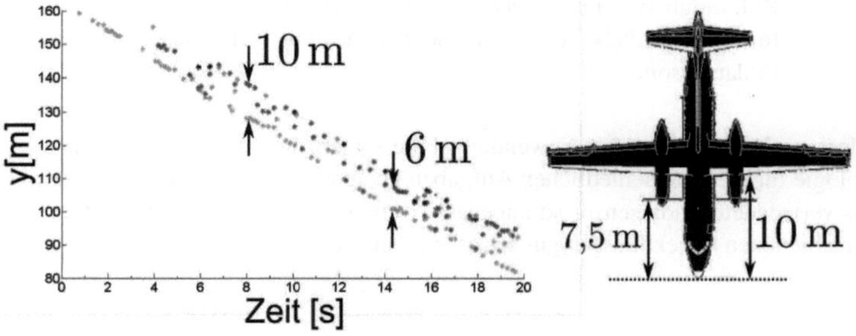

Abbildung 5.29: Reflektionszentren der Fokker 50

Ein Vergleich der detektierten Reflektionszentren aller drei Flugzeugtypen zeigt, dass immer die Spitze, die Triebwerke und die Flügel zu Detektionen führen.

5.2.2 Fazit aus den beobachteten Eigenschaften

Auch bei der Anwendung der Rollfeldüberwachung hat sich gezeigt, dass mit einem LMFSK-Radarsensor der richtige Sensor für diese Aufgabe gewählt wurde. Die gleichzeitige Bestimmung von radialer Geschwindigkeit und Position ist gut geeignet, um die genaue Position und die Geschwindigkeit der Flugzeuge innerhalb einer kurzen Beobachtungszeit zu bestimmen. Durch die Auflösung in Entfernung ist es möglich, die ungefähre Ausdehnung der Flugzeuge zu bestimmen.

Die verschiedenen Reflektionszentren werden bei allen untersuchten Flugzeugtypen ohne große Fluktuation und durchgängig detektiert, so dass eine kontinuierliche Verfolgung mit Hilfe eines Tracking-Algorithmus möglich ist.
Die Verarbeitungsschritte, die nötig sind, um die in Entfernung und ggf. Geschwindigkeit ausgedehnten Objekte verarbeiten zu können, werden in Kapitel 6.2 beschrieben.

Größe	LFMSK-Radarsensor	FSK-Radarsensor
Sendefrequenz f_T	24 GHz	24 GHz
Frequenzsprung f_{Shift}	1,2 MHz	1,2 MHz
Frequenzhub f_{Hub}	180 MHz	–
Beobachtungsdauer T_{Chirp}	40 ms	171 ms
Geschwindigkeitsauflösung Δv_r	0,16 m/s	0,04 m/s
Entfernungsauflösung ΔR	0,8 m	–

Tabelle 5.4: Gegenüberstellung der Eigenschaften des für die Aufgabe der Rollfeldüberwachung verwendeten LFMSK-Radarsensors und des für die Aufgabe der Geländeüberwachung verwendeten FSK-Radarsensors

Die Messergebnisse der beiden Anwendungsfälle zeigen, dass die 24 GHz-Radartechnologie für die unterschiedlichen Aufgaben geeignet ist. Allerdings muss der jeweils verwendete Radarsensor so angepasst werden, dass er die Eigenschaften der verschiedenen Objektklassen gut erfassen kann, siehe Tabelle 5.4.

Kapitel 6

Signalverarbeitung für einen einzelnen Sensor

In Kapitel 4 wurden die einzelnen Schritte einer klassischen Radarsignalverarbeitungskette beschrieben. In diesem Kapitel sollen die nötigen Anpassungen dieser Techniken beschrieben werden, um die in Kapitel 2 beschriebenen Aufgaben zu lösen. Die hier skizzierten Verarbeitungsschritte setzen zum großen Teil nach der Detektion an und wurden an die in Kapitel 5 beschriebenen Objektklassen angepasst.
Da bei der Anwendung Geländeüberwachung die Hauptaufgabe in der Unterscheidung der verschiedenen Objektklassen liegt, wird hier zunächst das Vorgehen zur Clutterverarbeitung beschrieben, siehe Kapitel 6.1. Die Anpassung besteht hier darin, dass Techniken entwickelt wurden, um die durch die stationären Objekte (siehe Kapitel 5.1.1) erzeugten Detektionen bereits vor dem Trackingfilter herauszufiltern. Würden alle Detektionen ungefiltert an den Tracking-Algorithmus weitergegeben, könnte dies auf Grund der großen Anzahl an Detektionen zu einer Überlastung des Assoziationsalgorithmus führen. Das würde bedeuten, dass einer Zielspur Detektionen eines anderen Ziels zugeordnet würden, wodurch eine weitere sinnvolle Analyse nicht möglich wäre. Wie bereits erwähnt, ist die Trennung der Objektklassen bei der Rollfeldüberwachung nicht von Bedeutung, so dass dieser Verarbeitungsschritt hier entfällt.
Der Tracking-Algorithmus selbst muss, sowohl bei der Geländeüberwachung als auch bei der Rollfeldüberwachung, an die Besonderheiten der erwarteten Zielklassen - je nach Anwendungsfall Personen oder Flugzeuge - angepasst werden. Wie in Kapitel 5.1.2 und 5.2.1 beschrieben, handelt es sich aus Sicht der verwendeten Sensoren in beiden Fällen um ausgedehnte Ziele, entweder in Geschwindigkeit oder in Entfernung oder sogar in allen zwei Größen. Diese Ausdehnung führt dazu, dass diese Objektklassen durch mehrere Detektionen in einem Messzyklus repräsentiert werden. Tracking-Algorithmen sind aber normalerweise nur

für Punktziele ausgelegt, so dass in beiden Anwendungsfällen eine geeignete Zusammenfassung der einzelnen Detektionen erreicht werden muss, siehe Kapitel 6.2.
Um beim Anwendungsfall Geländeüberwachung zum einen die beiden Objektklassen der bewegten Objekte, also Tiere und Personen, voneinander trennen zu können und zum anderen verbleibende Detektionen von stationären Objekten auszublenden, muss im Anschluss an den Tracking-Algorithmus noch eine Analyse der Tracks durchgeführt werden, siehe Kapitel 6.3. Durch diese Auswertung der Reflektionseigenschaften des Beobachtungsobjektes über mehrere aufeinanderfolgende Messzyklen ist eine sichere Entscheidung, ob es sich um eine Person handelt, möglich. Dieser Verarbeitungsschritt muss bei der Rollfeldüberwachung nicht durchgeführt werden, da bei dieser Anwendung auf Grund der beschriebenen Gegebenheiten keine Klassifikation nötig ist

6.1 Clutterverarbeitung (Geländeüberwachung)

Im Fall der Geländeüberwachung werden für die durch stationäre Objekte erzeugten Detektionen sowohl die Technik der Clutterunterdrückung, vgl. Kapitel 4.2.1, als auch die der adaptiven Detektion, vgl. Kapitel 4.2.2, angewendet. In diesem Szenario sind ausschließlich bewegte Objekte von Interesse, da dieser Bereich von Personen nicht betreten werden darf und sich somit ein Eindringling oder Ausreißer gezwungenermaßen immer durch das Gebiet hindurchbewegen muss, wenn er sein Ziel erreichen will. Somit kann hier die Technik des MTI-Filters angewendet und die Objekte mit einer radialen Geschwindigkeit $v_r = 0\,\mathrm{km/h}$ ausgeblendet werden.
Die Ausblendung der stationären Ziele ergibt sich bereits durch die Wahl der verwendeten Signalform. Das wichtigste Auswahlkriterium für die Signalform ist auf Grund der sicheren Erkennbarkeit von bewegten Zielen, eine möglichst hohe Geschwindigkeitsauflösung bei gleichzeitig hohen Updateraten zu erreichen. Diese beiden Anforderungen sind an sich eigentlich gegenläufig, weil, wie in Kapitel 3.3 hergeleitet, für eine hohe Geschwindigkeitsauflösung eine lange Beobachtungszeit nötig ist. Da aber sowohl die FSK als auch die LFMSK bereits nach einem Messzyklus ein in Entfernung und Geschwindigkeit eindeutiges Ergebnis liefern, bieten sich hier erst einmal beide als Signalform an. Da nur die bewegten Ziele von Interesse sind und die stationären Ziele zu unerwünschten Detektionen führen würden, fiel für diese Anwendung die Wahl auf die FSK-Signalform. Wie in Kapitel 3.4.1 beschrieben, können mit dieser Signalform Ziele in Entfernungsrichtung nicht aufgelöst werden. Aus diesem Grund müssen alle stationären Ziele ausgeblendet werden, da diese alle die gleiche Geschwindigkeit aufweisen und eine Trennung sowie sinnvolle Auswertung der zugehörigen Empfangssignale nicht

möglich wäre. Somit ist in einem Radarsensor mit FSK-Signalform im Prinzip implizit ein MTI-Filter enthalten. Damit muss zwar der theoretische Nachteil in Kauf genommen werden, dass sich ein Objekt, das sich genau tangential zum Radarsensor bewegt, nicht detektiert wird. Da es sich bei den zu detektierenden Objekten aber um Menschen mit, wie in Kapitel 5.1.2 beschrieben, unterschiedlich bewegenden Körperteilen handelt, wirkt sich dieser Nachteil bei der Anwendung nicht aus. Auf Grund der hohen Geschwindigkeitsauflösung des Radarsensors können schon kleinste radiale Geschwindigkeiten gemessen werden. Diese treten in jedem Fall auch bei sich tangential zum Radarsensor bewegenden Personen auf.
In Kapitel 5.1.1 wurde darauf hingewiesen, dass auch stationäre Objekte, im Sinne eines „festen Aufenthaltsorts innerhalb des Beobachtungsbereichs“, eine Doppler-Frequenz ungleich Null haben können. Damit würden sie trotz der Ausblendung der Objekte mit einer Doppler-Frequenz f_D =0 Hz zu unerwünschten Detektionen führen. Wie die Beispielmessungen aus Kapitel 5.1.1 zeigen, können dies viele Detektionen in einem bestimmten Zeitraum sein, z.B. bei auftretendem Niederschlag. Deshalb muss bereits auf dieser Ebene die Anzahl der durch stationäre Objekte erzeugten Detektionen vermindert werden. Ansonsten würde sich die Assoziationsaufgabe des Tracking-Algorithmus ungleich schwerer gestalten oder gegebenenfalls eine spätere Analyse gar nicht mehr möglich sein. Ein wirkungsvolles Mittel um eine Verminderung von Detektionen zu erreichen, ist der Einsatz einer Clutter-Karte.
Da nicht alle Clutter-Detektionen mit dieser Technik verarbeitet werden, sondern nur die Detektionen von Niederschlag, wird diese Karte im weiteren Verlauf als Regenechokarte bezeichnet. Wie im klassischen Fall, vgl. [MSMM05], wird das Beobachtungsgebiet eines Radarsensors in mehrere Entfernungs-Winkel-Zellen unterteilt. Die Idee einer Bodenechokarte ist es, die Empfangsamplitude über der Zeit zu mitteln und bei einer dauerhaft hohen Empfangsamplitude gezielt die Empfindlichkeit in der betroffenen Zelle zu vermindern, siehe Kapitel 4.2. Um das Vermindern der Empfindlichkeit in einer Zelle adaptiver zu gestalten, wurde in diesem Fall nicht nur die Empfangsamplitude über der Zeit gemittelt, sondern auch die radiale Geschwindigkeit. Wie Abb. 5.5 und Abb. 5.6 entnommen werden kann, ergibt sich für verschiedene Wettersituationen eine unterschiedliche Geschwindigkeitsverteilung der Detektionen, so dass es nicht zwingend notwendig ist, die Empfindlichkeit über das gesamte Doppler-Spektrum zu vermindern. Sowohl der Erwartungswert der Empfangsamplitude als auch der Erwartungswert der radialen Geschwindigkeit werden durch ein rekursives Verfahren geschätzt.

$$\tilde{\mu}_{A,k} = \alpha_A \cdot \tilde{\mu}_{A,k-1} + (1 - \alpha_A)\hat{A}_k \text{ (bzw.)} \tag{6.1}$$

$$\tilde{\mu}_{v,k} = \alpha_v \cdot \tilde{\mu}_{v,k-1} + (1 - \alpha_v)v_k \tag{6.2}$$

Aus Abb. 5.5 und Abb. 5.6 ist ersichtlich, dass auch die Breite der Geschwindigkeitsverteilung variieren kann. Aus diesem Grund wird im Fall der radialen

Geschwindigkeit zusätzlich die Varianz $\tilde{\mathrm{Var}}_{v,k}$ geschätzt. Auch dies geschieht mit Hilfe eines rekursiven Schätzers .

$$\tilde{\mathrm{Var}}_{v,k} = \beta_v \cdot (v_k - \tilde{\mu}_{v,k})^2 + (1 - \beta_v) \cdot \tilde{\mathrm{Var}}_{v,k-1} \tag{6.3}$$

An Hand des Erwartungswerts der auftretenden Amplituden sowie des Erwartungswerts und der Varianz der auftretenden radialen Geschwindigkeiten kann eine fundierte Entscheidung darüber getroffen werden, ob es sich um eine mit großer Wahrscheinlichkeit durch Regen verursachte Detektion handelt. Wie Abb. 5.5 und Abb. 5.6 zeigen, kann die Verteilung der gemessenen radialen Geschwindigkeiten annähernd als Gaussverteilt beschrieben werden. Somit sollten sich innerhalb des Geschwindigkeitsbereichs $\tilde{\mu}_{v,k} - 3 \cdot \tilde{\sigma}_{v,k} < v_k < \tilde{\mu}_{v,k} + 3 \cdot \tilde{\sigma}_{v,k}$ etwa 99 % der Regendetektionen befinden. Abb. 6.1 zeigt, dass diese Abschätzung korrekt ist. Die beiden roten Linien stehen für die berechneten Grenzen.

Um bei den gemessenen Empfangsamplituden eine Entscheidung zu fällen, ob es sich bei den betreffenden Detektionen um Niederschlag handelt, kann anstatt auch eines Bereiches eine obere Entscheidungsgrenze festgelegt werden. Zur Berechnung dieser Schwelle kann das Verfahren nach Neyman-Pearson, siehe Kapitel 4.1, zur Hilfe genommen werden. Die Verteilung der gemessenen Amplitudenwerte kann grob durch eine Rayleigh-Verteilung angenähert werden.

Bei einer Rayleigh-Verteilung ergibt sich die Standardabweichung σ aus dem Erwartungswert μ durch:

$$\sigma = \sqrt{\frac{2}{\pi}}\mu \tag{6.4}$$

Somit ergibt sich nach Formel 4.13 die Amplitudenschwelle zu:

$$S_A = \sqrt{-\frac{4}{\pi} \cdot \tilde{\mu}_{A,k}^2 \ln(P_{\mathrm{FA}})} \tag{6.5}$$

Bei einer zulässigen Falschalarmwahrscheinlichkeit P_{FA} von 2 % ergibt sich die Amplitudenschwelle wie in Abb. 6.2 dargestellt.

Detektionen, bei denen sowohl die gemessene Empfangsamplitude als auch die radiale Geschwindigkeit in diese so definierten Bereiche fallen, werden als Niederschlagsdetektionen gekennzeichnet und können ausgeblendet, beziehungsweise im weiteren Verlauf der Signalverarbeitung gesondert behandelt werden. Die Ausblendung dieser Detektionen führt zu einer starken Reduktion der Störeinflüsse durch Niederschlag. In Abb. 6.3 sind die Niederschlagsdetektionen eines Radarsensors über 25 Messzyklen dargestellt, im ersten Fall ohne die Filterung durch die Regenechokarte und im zweiten Fall mit der Filterung. Die Reduktion der störenden Detektionen ist deutlich erkennbar. Die wenigen Detektionen, die noch verbleiben, können vernachlässigt werden, da diese sporadisch auftreten und

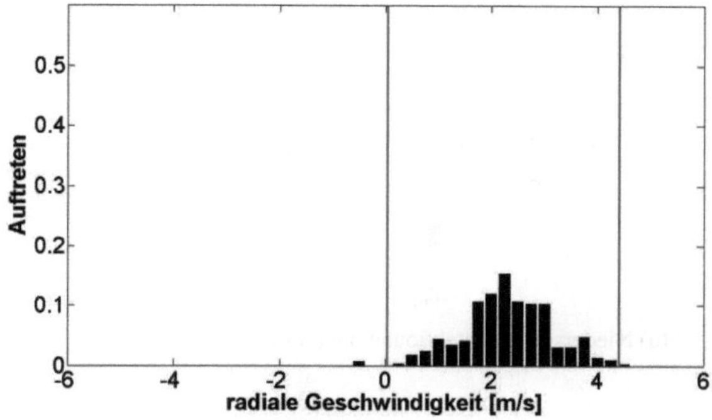

Abbildung 6.1: Geschwindigkeitsverteilung von Niederschlag in einer Winkel-Entfernungs-Zelle mit den zugehörigen Entscheidungsschwellen

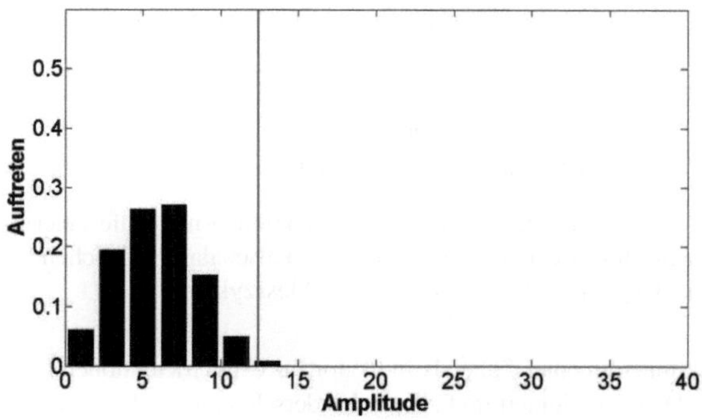

Abbildung 6.2: Amplitudenverteilung von Niederschlag in einer Winkel-Entfernungs-Zelle mit zugehöriger Entscheidungsschwelle

nicht zu einem durchgängigen Track führen.

Durch das bisher beschriebene Vorgehen werden die Eigenschaften der durch Niederschlag verursachten Detektionen bestimmt, so dass diese gezielt ausgeblendet werden können. Bevor die fraglichen Detektionen ausgeblendet werden, muss aber entschieden werden, ob tatsächlich Niederschlag in der Zelle vorliegt. Im Fall einer klassischen Clutter-Karte werden die stationären Objekte in jedem Messzyklus durchgängig detektiert. Aus diesem Grund kann hier eine hohe Auftrittshäu-

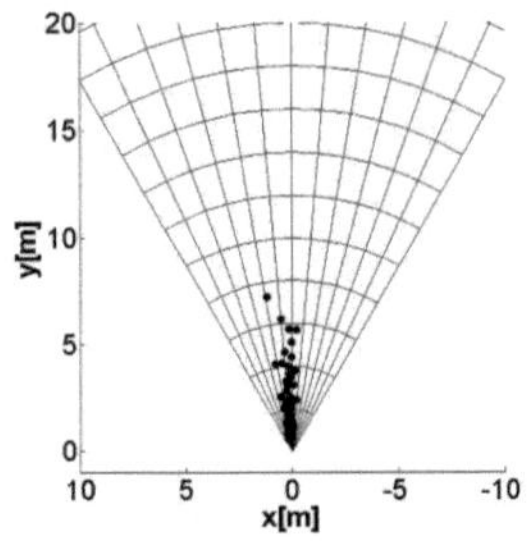

(a) Niederschlagsdetektionen ohne Filterung

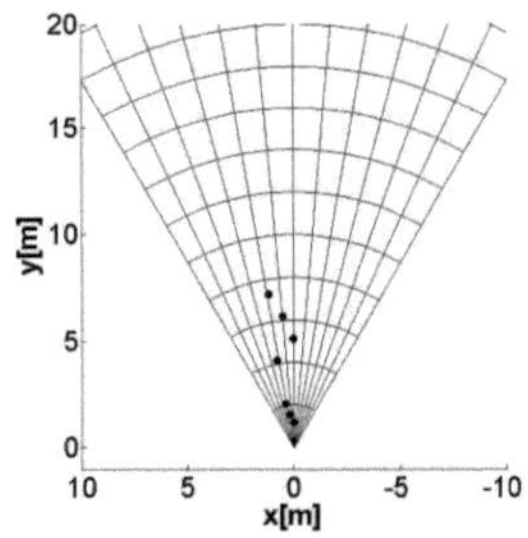

(b) Niederschlagsdetektionen mit Filterung

Abbildung 6.3: Verringerung der Niederschlagsdetektionen mit Hilfe einer Regenechokarte bei einer zulässigen Falschalarmwahrscheinlichkeit P_{FA} von 10 % (Messdauer: 25 Messzyklen)

figkeit von Detektionen in einer Zelle als Indikator für Clutterdetektionen herangezogen werden. Dies funktioniert im Fall von Niederschlag nicht. In Abb. 6.4 ist die Auftrittswahrscheinlichkeit $P_{D,Z}$ für eine Zelle der Regenechokarte zum einen für den Beginn einer Regenphase und zum anderen für eine Person, die sich vom Sensor wegbewegt, aufgetragen. Die Auftrittswahrscheinlichkeit $P_{D,Z}$ wurde über die letzten 20 Messzyklen gemittelt.

$$P_{D,Z,k} = \frac{\sum_{n=k-20}^{k-1} p_n}{20} \tag{6.6}$$

mit

$p_n = 0$, wenn Detektionen in der Zelle in Messzyklus n

$p_n = 1$, wenn keine Detektionen in der Zelle in Messzyklus n

Wie sich zeigt, liegt die Auftrittswahrscheinlichkeit $P_{D,Z}$ in der Zelle bei einer Person über mehrere Sekunden in der gleichen Größenordnung oder sogar höher als bei Beginn der Regenphase.
Anders sieht es jedoch aus, wenn die Situation im gesamten Netzwerk betrachtet wird. Ein sicheres Verfahren um unter Berücksichtigung dieser Information das Auftreten von Niederschlag zu detektieren, wird in Kapitel 7.3 beschrieben.

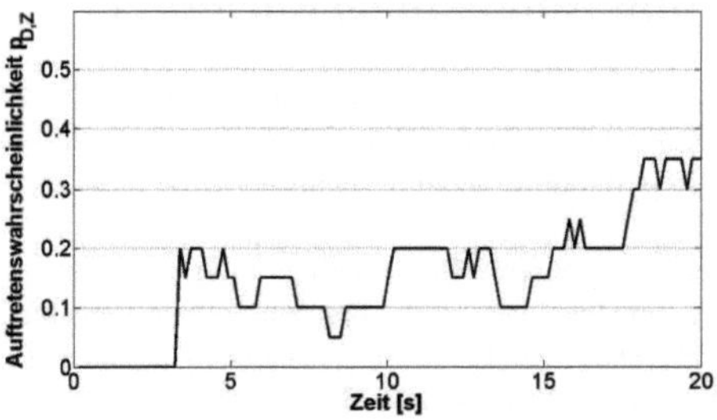

(a) Beginn einer Regenphase

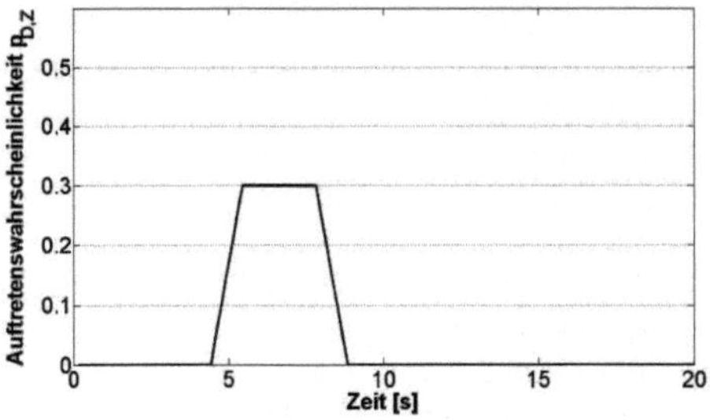

(b) Person

Abbildung 6.4: Durchschnittliche Anzahl der Detektionen pro Messzyklus über der Zeit

Um die durch Niederschlag verursachten Detektionen herauszufiltern, ist das beschriebene Verfahren sinnvoll, da diese über eine längere Zeit in großer Anzahl auftreten, so dass die Erstellung einer Statistik und die gezielte Herausfilterung dieser Detektionen möglich ist. Auf Grund der geringen Anzahl von Detektionen pro Messzyklus, die durch Bebauung und Vegetation verursacht werden, siehe Abb. 5.3, kann die Regenechokarte hier nicht angewendet werden. Bei Bebauung ist der Ort, an dem die Detektionen auftreten können, vorher bekannt. Dies kann in der weiteren Signalverarbeitung berücksichtigt werden. Dieses Vorgehen wird in Kapitel 6.3 beschrieben.

6.2 Tracking bei ausgedehnten Ziele (Gelände- und Rollfeldüberwachung)

Da es sich bei den Beobachtungsobjekten zum Teil um ausgedehnte Ziele handelt, siehe Kapitel 5.1.2 und Kapitel 5.2.1, müssen diese zusammengefasst werden, um im Tracking-Algorithmus assoziiert und damit weiter verarbeitet werden zu können.

Für das Zusammenfassen von mehreren Elementen zu Gruppen, das so genannte „Clustering“, gibt es verschiedene Verfahren. Bei beiden hier vorgestellten Anwendungen treten die relevanten Zieltypen in den meisten Fällen getrennt von anderen Zielen auf. Deshalb ist in diesem Fall die Hauptaufgabe des Clusterings die vollständige Zusammenfassung aller Elemente zu einer Gruppe und nicht die Aufteilung in mehrere unterschiedliche Gruppen, so dass ein einfacher Cluster-Algorithmus gewählt werden kann. Für diese Aufgabe geeignete Arten von Cluster-Algorithmen werden im Folgenden aufgeführt und beschrieben.

Bei allen Cluster-Algorithmen muss ein Entscheidungsmaß definiert werden, an Hand dessen die Ähnlichkeit von Elementen zueinander bestimmt wird. Dieses Entscheidungsmaß wird im weiteren Verlauf verallgemeinernd als Distanzfunktion bezeichnet.

Grob können Cluster-Verfahren in partitionierende und hierarchische Verfahren unterteilt werden. Partitionierende Verfahren gehen von einer festen Anzahl von Clustern aus. Diesen Clustern werden die verschiedenen Elemente zugeordnet unter der Vorgabe, die Distanzfunktion zu minimieren. Dies kann durch eine initiale Zuordnung, aber auch durch eine Neuzuordnung zu einem anderen Cluster geschehen. Dieser Vorgang wird solange durchgeführt, bis ein Optimum oder eine vorher definierte Grenze erreicht wird. Hierarchische Verfahren dagegen starten entweder mit vielen einzelnen Clustern und fügen diese zu größeren zusammen, so genannte „Bottom-Up-Verfahren“, oder mit einem großen Cluster, das in mehrere kleinere Cluster unterteilt wird, so genannte „Top-Down-Verfahren“ . Im Gegensatz zu den partitionierenden Verfahren können hier einmal einem Cluster zugeordnete Elemente nicht mehr mit einem anderen Cluster ausgetauscht werden. Die Zusammenfassung beziehungsweise die Aufteilung wird auch hier so lange durchgeführt, bis eine vorher definierte Grenze der Distanzfunktion erreicht wird. Sowohl für die Zusammenfassung der von Personen als auch der von Flugzeugen verursachten Detektionen wurde ein hierarchisches Bottom-Up-Verfahren gewählt. Dieses soll zunächst genauer an Hand eines einfachen Beispiels verdeutlicht werden, siehe Abb. 6.5.

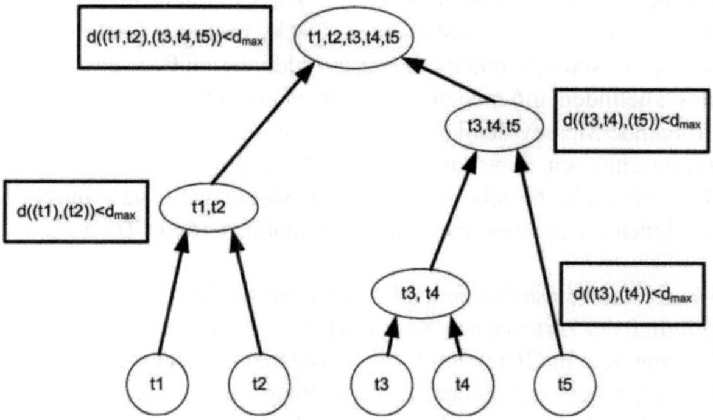

Abbildung 6.5: Beispiel zum Bottom-Up-Verfahren

Zu Beginn des Algorithmus sind alle Elemente ihre eigenen Cluster ($t_1 - t_5$). In jedem folgenden Schritt werden die beiden Cluster, die sich am ähnlichsten sind - in diesem Fall den kleinsten Abstand zu einander haben - zu einem neuen Cluster zusammengefasst. Danach werden die Abstände aller anderen Cluster zu dem neuen Cluster bestimmt. Diese beiden Schritte werden so lange wiederholt, bis entweder nur noch ein Cluster übrig ist oder der Abstand zwischen den verbliebenen Clustern über einer vorher definierten Schwelle liegt.
Als Distanzfunktion wird der euklidische Abstand $d(t_1,t_2)$ der Detektionen verwendet. Der euklidische Abstand wird nicht in Sensor-, sondern in kartesischen Koordinaten berechnet, um die Abhängigkeit der Winkeldifferenz, und damit auch des berechneten euklidischen Abstands, von der Entfernung des Ziels zu vermeiden.

$$\Delta x = x_{t_1} - x_{t_2} \tag{6.7}$$

$$\Delta y = y_{t_1} - y_{t_2} \tag{6.8}$$

$$d(t_1,t_2) = \sqrt{\Delta x^2 + \Delta y^2} \tag{6.9}$$

Die neuen Koordinaten für die Bestimmung der Abstände aller anderen Cluster zu dem neu gebildeten Cluster werden über eine Mittelwertbildung berechnet:

$$x_{\text{neu}} = \frac{x_{t_1} - x_{t_2}}{2} \tag{6.10}$$

$$y_{\text{neu}} = \frac{y_{t_1} - y_{t_2}}{2} \tag{6.11}$$

Wichtiger als die Bildung der Cluster ist in den hier behandelten Fällen die Aufgabe, aus den in dem Cluster gebündelten Detektionen einen geeigneten Repräsentanten zu bilden beziehungsweise zu wählen. Die Herausforderung liegt hierbei darin, dass der neue Repräsentant nicht zu einem Trackabbruch führen darf. In jedem Messzyklus werden zu den bestehenden Tracks passende Ziele gesucht. Die fraglichen Ziele müssen sich innerhalb eines vordefinierten Bereichs, eines so genannten „Gates", befinden, um assoziiert werden zu können. Wenn über mehrere aufeinander folgende Messzyklen keine Fortsetzung für einen Track gefunden wird, wird dieser geschlossen. Dies wird als Trackabbruch bezeichnet. Neben der Gefahr eines Trackabbruchs besteht außerdem die Möglichkeit, dass durch die Wahl eines ungeeigneten Repräsentanten mehrere konkurrierende Tracks entstehen.

Bei einem α-β-Filter kann diese Problematik vermieden werden, indem ein relativ großes Gate bezüglich der kartesischen Koordinaten gewählt wird. In diesem Fall würde eine Mittelung, wie in Gleichung 6.11, ausreichen, um die Koordinate des Repräsentanten des Clusters anzugeben. Beim Kalman-Filter ist eine Lösung in dieser Form nicht möglich. Durch die Berechnung der Fehlerkovarianz wird hier die Unsicherheit der Vorhersagen beschrieben, siehe Kapitel 4.3.2. Diese Kenntnis fließt in die Größe des Gates mit ein. Wenn die Unsicherheit der Vorhersagen des Kalman-Filters gering ist, sollte dementsprechend auch das tolerierte Gate zur Zuordnung der Detektionen klein sein. Das kann dazu führen, dass bei einer großen räumlichen Streuung eines Clusters der alleine über eine Mittelung der Koordinatenwerte bestimmte Repräsentant außerhalb dieses Gates liegt. Wenn zusätzlich auch noch die gemessene Geschwindigkeit in das Gating mit einfließt, ist bei den in Geschwindigkeit ausgedehnten Zielen ebenfalls eine Mittelung der Geschwindigkeiten in den meisten Fällen nicht ausreichend. Die streng festgelegten Grenzen beim Tracking sind aber dennoch nötig, da dadurch eine höhere Qualität der Tracks möglich wird und diese dazu beitragen können, den Entscheidungsprozess zu unterstützen.

Das Tracking-Gate muss mit in den Entscheidungsprozess zur Auswahl eines Repräsentanten einbezogen werden, damit trotz eines strengen Gatings durch das Clustering keine Trackabbrüche verursacht werden. Bei einer Person kann davon ausgegangen werden, dass der Rumpf als großer Reflektor in allen Messzyklen zu einer Detektion führt. Gleichzeitig entspricht die Bewegung des Rumpfs am stärksten dem linearen Bewegungsmodell, das dem Tracking-Filter zugrunde liegt. Das Bestreben ist demnach, aus den geclusterten Detektionen die dem Rumpf zugehörige Detektion herauszufinden. Da der Rumpf dem Bewegungsmodell des Tracking-Filters entspricht, kann die Detektion, die der vom Tracking-Filter erwarteten Fortsetzung am ähnlichsten ist, dem Rumpf zugeordnet werden. Dieses Wissen kann genutzt werden, indem zuerst die Prädiktion der einzelnen Tracks berechnet wird. Mit diesen Prädiktionen und den einem Cluster zugeordneten De-

tektionen wird eine Assoziationsphase durchgeführt und diejenige Detektion, die das geringste Abstandsmaß zu einem der Tracks aufweist, wird als Repräsentant des Clusters ausgewählt.
Im Fall von Flugzeugen muss der Repräsentant anders bestimmt werden, da es hier von der Aufgabenstellung her besonders wichtig ist, dass die Informationen über die Ausdehnung der Flugzeuge nicht verloren geht. Das bedeutet, dass hier mehr als ein Repräsentant gewählt werden sollte. Obwohl die drei Abbildungen 5.26, 5.27 und 5.29 den Eindruck erwecken, dass auf Grund der Stabilität der Reflektionspunkte ein Clustering gar nicht notwendig sei, können die drei Hauptreflektionszentren nicht einzeln getrackt werden. Bei diesem Vorgehen entstehen zwar mindestens zwei stabile Tracks, aber zwischenzeitlich treten auch mehrere zusätzliche Tracks auf. Die Entstehung mehrerer Tracks ist zu vermeiden, da sie alle um den gleichen Satz an Detektionen konkurrieren und dadurch die Stabilität der beiden Haupttracks beeinträchtigen können. Es muss demnach auch bei Flugzeugen ein Clustering durchgeführt werden. Trotzdem kann die Stabilität der Reflektionspunkte ausgenutzt werden. Anstatt nur eine Detektion als Repräsentant des Clusters auszuwählen, werden aus ihm jeweils die vorderste und die hinterste Detektion relativ zum Radarsensor ausgewählt und getrennt dem Tracking-Algorithmus zugeführt. Wie aus der Darstellung der Reflektionspunkte, siehe Abb. 5.26, 5.27, 5.29 ersichtlich wird, weisen diese eine besonders hohe Stabilität auf. Auf diese Weise entstehen zwei stabile Tracks, die als ein Objekt interpretiert werden können. Im Vergleich zu der Auswahl nur einer Detektion hat dieses Verfahren den Vorteil, dass nicht nur eine gemittelte Position des Flugzeugs durch den Tracking-Filter geglättet wird, sondern die Abmessungen des Flugzeuges auch über der Zeit stabilisiert werden. Dies erhöht die Sicherheit der Entscheidung, ob sich das Flugzeug noch vor oder schon hinter der Stopbar befindet.

6.3 Analyse der Tracks (Geländeüberwachung)

Nachdem die Gesamtanzahl der Detektionen um den Großteil der durch Niederschlag verursachten reduziert und die Detektionen der ausgedehnten Objekte zu einem Ziel zusammengefasst wurden, werden die verbleibenden Detektionen dem Tracking-Algorithmus zugeführt. Im Idealfall wären die nun resultierenden Tracks nur noch auf die Nutzziele zurückzuführen und könnten direkt eine Alarmmeldung auslösen, beziehungsweise ihre Position kann angezeigt werden. Bei der Geländeüberwachung müssen die Tracks jedoch weiter analysiert werden, um diejenigen herauszufinden, die tatsächlich von Personen stammen. Diese Aufgabe kann von zwei Seiten bearbeitet werden. Die eine Möglichkeit besteht darin, zu versuchen, den Tracks eindeutige Merkmale von Personen zuzuordnen, wie zum Beispiel die in Kapitel 5.1.2 erwähnte Schwingung der Standardabweichung

der gemessenen Geschwindigkeiten, und diese als von Menschen stammend zu kennzeichnen. Der hier verwendete Ansatz verfolgt jedoch eine genau entgegengesetzte Vorgehensweise. Es werden die Tracks bestimmt, die eindeutig nicht von Personen verursacht sein können. Diese werden aussortiert, so dass am Ende nur Tracks übrig bleiben, die mit einer hohen Wahrscheinlichkeit von Menschen stammen. Dieser Ansatz wurde gewählt, da im Fall einer Person das Fehlen bestimmter Eigenschaften nicht zwingend den Schluss zulässt, dass es sich nicht um einen Menschen handelt. Andersherum betrachtet kann jedoch beim Vorhandensein anderer Merkmale, eine Person als Verursacher der Tracks ausgeschlossen werden.
Um Tracks herauszufiltern, die aus durch Bebauung verursachte Detektionen entstanden sind, wird die Kenntnis des Ortes der Bebauung ausgenutzt. Hierfür wird um den Ort der Bebauung herum eine Art „Sicherheitszone" definiert. Innerhalb dieser Zone werden die Detektionen normal verarbeitet, wie in den vorangegangenen Kapiteln beschrieben. Die Tracks innerhalb dieser Zone führen allerdings nicht zu einer Alarmmeldung. Um eine höhere Sicherheit bei der Entscheidung zu gewährleisten, dass es sich bei einem Track, der diese Zone verlässt, wirklich nicht um einen durch Bebauung erzeugten handelt, wird zusätzlich ein M-aus-N-Entscheider verwendet.

$$z = \sum_{n=1}^{N} d_n \tag{6.12}$$

mit

$$d_n = 0, \text{ wenn Track innerhalb der Sicherheitszone} \tag{6.13}$$
$$d_n = 1, \text{ wenn Track außerhalb der Sicherheitszone} \tag{6.14}$$

Solange $z < M$ gilt, wird der Track als durch Bebauung verursacht klassifiziert und in der weiteren Analyse nicht berücksichtigt.
Desweiteren müssen die durch Kleintiere erzeugten Tracks herausgefiltert werden. Wie in Kapitel 5.1.2 beschrieben, ist neben der Empfangsamplitude die Anzahl der Detektionen pro Messzyklus ein entscheidender Unterschied zwischen den von Kleintieren stammenden Messwerten und den von Personen stammenden. Zwar können, wenn nur einzelne Messzyklen betrachtet werden, die Anzahl der Detektionen pro Messzyklus für ein Kleintier und eine Person in dem gleichen Bereich liegen. Aber über die Zeit betrachtet, erzeugt eine Person im Mittel mehr Detektionen pro Messzyklus. Um dies zu überprüfen, wird ein so genanntes „Sliding-Window" angewendet. Hierbei wird die Anzahl der einem Objekt zugeordneten Detektionen der letzten N Messzyklen gespeichert. Für jeden Messzyklus wird an Hand dieser gesammelten Daten der Mittelwert der Detektionen

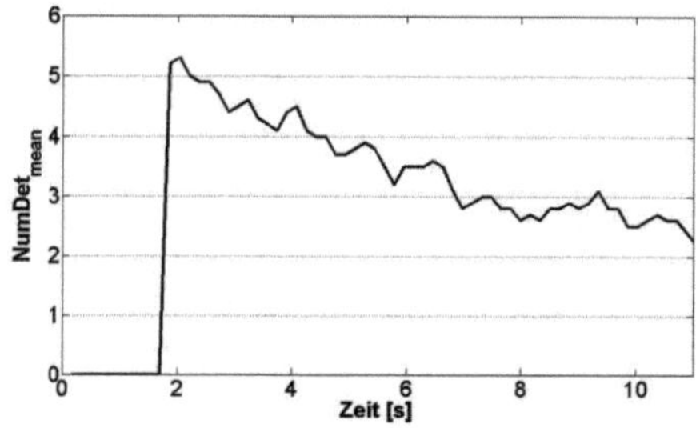

(a) Person

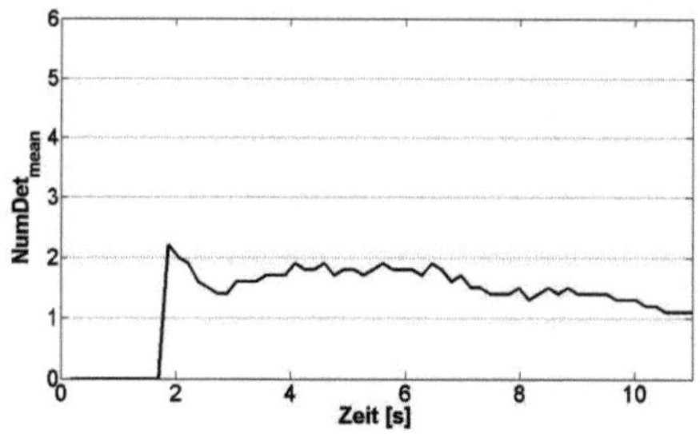

(b) Katze

Abbildung 6.6: Mittlere Detektionsanzahl $\mathrm{NumDet_{mean}}$ pro Messzyklus über der Zeit

pro Zyklus bestimmt:

$$\mathrm{NumDet_{mean}} = \frac{1}{N-i} \sum_{n=i}^{N-1} \mathrm{NumDet_n} \tag{6.15}$$

Wie Abb. 6.6 zeigt, ergeben sich erkennbare Unterschiede zwischen Personen und Kleintieren. In beiden Fällen entfernen sich die Beobachtungsobjekte über der Zeit vom Radarsensor. Daraus lässt sich folgern, dass mit größerer Entfernung auch die Anzahl der Detektionen pro Messzyklus abnimmt. Um diesen Einfluss der Entfernung zu kompensieren, wird die mittlere Anzahl der Detektionen mit der mittleren Entfernung der Detektionen multipliziert. Die beiden sich ergebenden Geraden, siehe Abb. 6.7, weisen einen weitaus deutlicheren Unterschied auf als in Abb. 6.6. Wie in Kapitel 5.1.2 gezeigt, gilt dies aber nur für Personen, die sich ra-

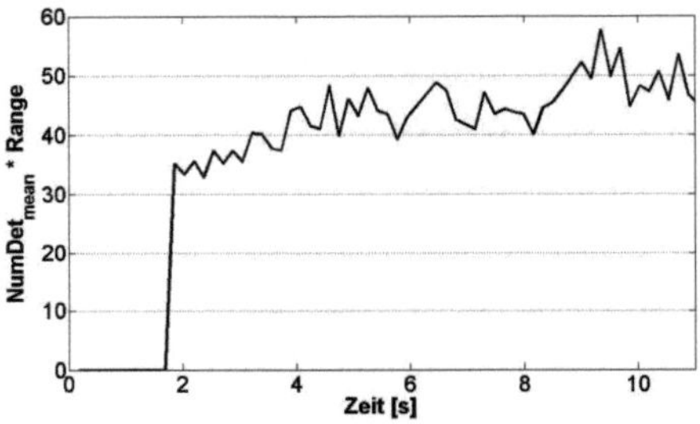

(a) Person

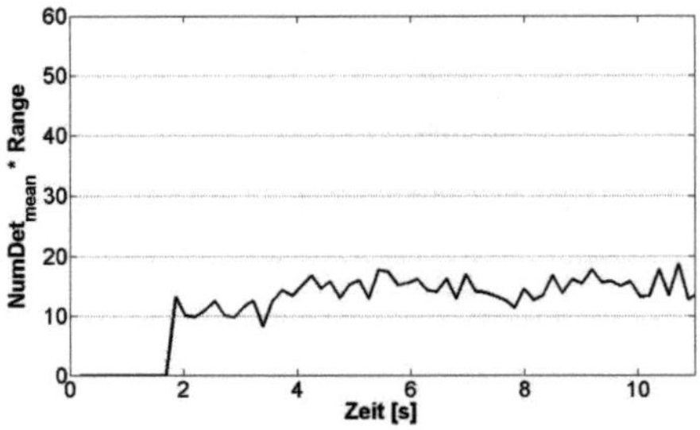

(b) Katze

Abbildung 6.7: Mittlere Detektionsanzahl NumDet_{mean} mit Kompensierung des Entfernungseinflusses pro Messzyklus über der Zeit

dial zum Radarsensor bewegen. Die Tracks müssen demnach in Tracks radial und in Tracks tangential zum Radarsensor unterteilt werden. An Hand der über das Tracking ermittelten Geschwindigkeitskomponenten v_x und v_y und der bekannten Orientierung des Radarsensors kann die Bewegungsrichtung relativ zum Radarsensor bestimmt werden. Wenn die Bewegungsrichtung des Tracks senkrecht zu der kürzesten Verbindung zwischen der Position des Tracks und der Position des Radarsensors ist, verläuft der Track genau tangential zum Radarsensor. Bei einem Winkel $\Delta\alpha$ von $0\,°$ handelt es sich um einen genau radialen Track. Die geometrischen Zusammenhänge werden in Abb. 6.8 verdeutlicht.

$$\alpha_{\text{Sensor}} = \arctan\left(\frac{x_{\text{Ziel}} - x_{\text{Sensor}}}{y_{\text{Ziel}} - y_{\text{Sensor}}}\right) \tag{6.16}$$

$$\alpha_{\text{Track}} = \arctan\left(\frac{v_x}{v_y}\right) \tag{6.17}$$

$$\Delta\alpha = \alpha_{\text{Sensor}} - \alpha_{\text{Track}} \tag{6.18}$$

wobei

$$\begin{aligned} -20° \leq \Delta\alpha \leq 20°&, \text{ Track wird als radial eingestuft} \\ 160° \leq \Delta\alpha \leq 200°&, \text{ Track wird als radial eingestuft} \\ \text{sonst}&, \text{ Track wird als tangential eingestuft} \end{aligned}$$

In den meisten Fällen werden sich tangential zum Radarsensor bewegende Kleintiere zwar detektiert, aber führen nicht zu stabilen Tracks.

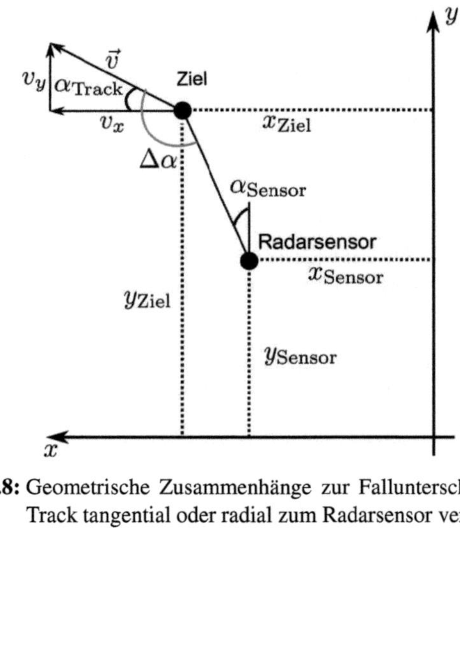

Abbildung 6.8: Geometrische Zusammenhänge zur Fallunterscheidung, ob ein Track tangential oder radial zum Radarsensor verläuft

Kapitel 7

Signalverarbeitung in einem Sensornetzwerk

7.1 Motivation für die Installation eines Radarnetzwerkes

Für die beiden hier beschriebenen Anwendungsfälle ist es sinnvoll, mehrere Radarsensoren zu einem Netzwerk zusammenzuschalten. Gerade aufgrund der großen Flächen, die in beiden Fällen lückenlos überwacht werden sollen, ist es nötig, mehrere Radarsensoren zu verwenden. Selbstverständlich könnten diese Radarsensoren auch einzeln betrieben werden. Der Vorteil der Verwendung einzelner, autonomer Radarsensoren ist, dass eine Fusion der Ziellisten der einzelnen Radarsensoren nicht notwendig ist.
Allerdings weist die Verarbeitung der Sensorziele in einem gemeinsamen Netzwerk mehrere Vorteile auf. Ein Vorteil ist die Möglichkeit, die Situation im gesamten Netzwerk zu analysieren. Auf diese Weise ist es möglich zur Unterstützung der Unterscheidung der Objektklassen bei der Geländeüberwachung, das großflächig auftretende Phänomen von Niederschlag zu detektieren und dementsprechend die Signalverarbeitung der Radarsensoren, wie in Kapitel 6.1 beschrieben, zu adaptieren. Das Vorgehen, eine Regensituation zu erkennen, wird im Detail in Kapitel 7.3 beschrieben.
Ein weiterer Vorteil ergibt sich, wenn die Radarsensoren so aufgestellt werden, dass sich ihre Beobachtungsbereiche überdecken. In diesem Fall wird eine Fusion der Sensorziellisten benötigt, siehe Kapitel 7.2. Durch die Doppelabdeckung eines Gebietes erhöht sich dort die Detektionswahrscheinlichkeit. Ein Spezialfall wäre im Fall der Geländeüberwachung eine Anordnung, in der die Blickrichtungen der Radarsensoren orthogonal zueinander verlaufen. Dies würde dazu führen, dass ein Objekt sich tangential zum einem, aber radial zu einem anderen Radarsensor

bewegt. Diese Betrachtung aus verschiedenen Aspektwinkeln könnte den Klassifikationsprozess vereinfachen, siehe Kapitel 6.3. Es ist aber zu beachten, dass ein solcher Aufbau nur in wenigen Geländen möglich ist und zu einem großen Bedarf an Radarsensoren führt.

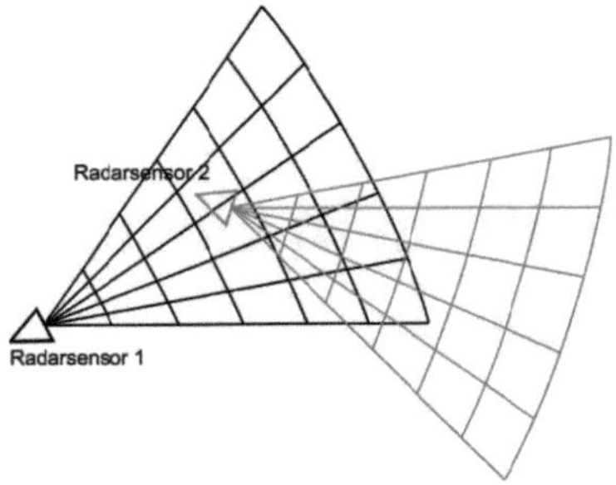

Abbildung 7.1: Positionierung zweier Radarsensoren zueinander

Ein pragmatischer Ansatz ist dagegen die Radarsensoren so aufzustellen, dass zwei Radarsensoren in einer Reihe stehen und sich ihre Sichtbereiche überdecken, siehe Abb. 7.1. Auch in diesem Fall ist es sinnvoll, die Orientierung der Radarsensoren nicht identisch zu wählen, um gegebenenfalls von den leicht verschiedenen Aspektwinkeln zu profitieren. Zusätzlich bietet dieser Aufbau die Möglichkeit, der Desensibilisierung einzelner Zellen durch die Clutterunterdrückung entgegen zu wirken. Das Vorgehen hierzu wird in Kapitel 7.4 erläutert.

7.2 Fusion der Ziellisten von verschiedenen Radarsensoren

Der einfachste, aber auch effektivste Ansatz für die Fusion der Ziellisten verschiedener Radarsensoren ist, die Messdaten auf der Detektionsebene zusammenzufassen. Eine Fusionierung auf Trackebene wäre zwar technisch ebenfalls möglich, aber die positive Beeinflussung der Entdeckungswahrscheinlichkeit würde sich in diesem Fall viel geringer auswirken. Dies soll an folgendem Beispiel verdeutlicht werden. Dazu wird die selbe Sensoranordnung wie in Abb. 7.1 angenommen. Wenn sich nun eine Person am äußeren Rand des Sichtbereichs des Radarsensors 1 befindet, führt die geringe Empfangsleistung dazu, dass die Person nur sporadisch detektiert wird. Die fluktuierenden Detektionen von Radarsensor 1 führen zu keinem durchgehenden Track und werden somit in der weiteren Signalverarbeitung nicht berücksichtigt. Würden die Messdaten der Radarsensoren erst auf

Trackebene fusioniert, wäre in diesem Fall die Überdeckung der Sichtbereiche ohne jeglichen Vorteil. Werden jedoch die sporadischen Detektionen von Radarsensor 1 mit den Detektionen von Radarsensor 2 fusioniert und gemeinsam dem Tracking-Algorithmus zugeführt, dann tragen die sporadischen Detektionen zur Stabilisierung des Tracks bei.

Im Folgenden werden die einzelnen Schritte zur Fusionierung der verschiedenen Ziellisten detailliert beschrieben. Da das Tracking in kartesischen Koordinaten durchgeführt wird, werden zu Beginn der Signalverarbeitung alle Sensorziele aus den Sensorpolarkoordinaten in ein kartesische Koordinatensystem transformiert, siehe Kapitel 4.3. Um eine spätere Fusionierung zu ermöglichen, wird dieses kartesische Koordinatensystem global für alle Radarsensoren mit einem gemeinsamen Ursprung definiert. An Hand der bekannten Positionen und Orientierungen der einzelnen Radarsensoren innerhalb dieses globalen Koordinatensystems werden die Sensorziellisten in ein gemeinsames kartesisches Koordinatensystem transformiert. Die Clutterunterdrückung, siehe Kapitel 6.1, und die Zusammenfassung der ausgedehnten Ziele, siehe Kapitel 6.2, erfolgen weiterhin für jeden Radarsensor individuell.

Während der Assoziationsphase des Tracking-Algorithmus, siehe Kapitel 4.3, wird für jeden Track überprüft, in welchen Beobachtungbereichen der Radarsensoren er sich befindet, sprich welche Radarsensoren den Track überhaupt mit Updates versorgen können. Für jeden Radarsensor mit potenziellen Assoziationspartnern wird die Detektion mit dem kleinsten Abstand zu dem Track gesucht. Ist der Abstand dieser Detektion zur aktuellen Prädiktion des fraglichen Tracks unterhalb einer vordefinierten Grenze („Gate“), wird sie in der Update-Phase des Tracking-Algorithmus berücksichtigt. Somit können in der Update-Phase für einen Track mehrere Assoziationen zur Verfügung stehen, aber pro Radarsensor nur jeweils eine.

Während der Update-Phase wird aus diesen Detektionen der Mittelwert der Positionen in kartesischen Koordinaten berechnet:

$$x_{\text{Fusion}} = \frac{\sum_{n=1}^{N_{\text{Ass}}} x_n}{N_{\text{Ass}}} \tag{7.1}$$

$$y_{\text{Fusion}} = \frac{\sum_{n=1}^{N_{\text{Ass}}} y_n}{N_{\text{Ass}}} \tag{7.2}$$

Mit dieser gemittelten Position wird der Track fortgesetzt.

Im Fall von räumlich stark ausgedehnten Zielen, wie den Flugzeugen, siehe Kapitel 5.2.1, kann dieses Vorgehen gegebenenfalls problematisch werden. Solange die beiden betrachteten Radarsensoren von der gleichen Richtung auf die selbe Seite des Flugzeugs blicken, wird dieses Verfahren weiterhin funktionieren, da beide Radarsensoren die gleichen Reflektionszentren wahrnehmen. Wenn sich die

Radarsensoren jedoch auf unterschiedlichen Seiten des Flugzeuges befinden oder es aus verschiedenen Richtungen betrachten, ist zu erwarten, dass verschiedene Reflektionszentren beobachtetet werden. In diesem Fall wäre eine separate Verarbeitung der einzelnen Radarsensoren vorzuziehen, um die verschiedenen Reflektionszentren getrennt zu tracken. Dieses Vorgehen würde zu ausführlicheren Informationen über die Ausdehnung des Flugzeugs führen und somit die Genauigkeit der Positionsbestimmung erhöhen.

7.3 Situation im Netzwerk

Durch eine Analyse der Detektionssituation im gesamten Netzwerk können zusätzliche Informationen gewonnen werden, die die weitere Signalverarbeitung unterstützen. Zur Unterstützung der Clutterverarbeitung bei der Anwendung der Geländeüberwachung kann sie Informationen über die aktuelle Wettersituation im Radarnetzwerk liefern. Eine Niederschlagssituation kann durch eine Analyse der auftretenden Detektionen mit hoher Sicherheit detektiert werden. Diese Information kann dazu genutzt werden, die Niederschlagsdetektionen gezielt auszublenden, siehe Kapitel 6.1.

Die Niederschlagsdetektionen treten ausschließlich im Nahbereich der Radarsensoren auf, siehe Kapitel 5.1.1. Wenn bei einem einzelnen Radarsensor Detektionen im Nahbereich beobachtet werden, kann natürlich noch keine Aussage darüber getroffen werden, ob es sich hierbei um Regendetektionen handelt. Da Niederschlag aber ein Phänomen ist, das alle Radarsensoren im Netzwerk auf die gleiche Weise beeinflusst, werden in diesem Fall im gesamten Netzwerk gleichzeitig in diesem Bereich Radarsignale auftreten. Dieses Verhalten wird in Abb. 7.3 und Abb. 7.2 veranschaulicht, indem die Anzahl der Detektionen im Nahbereich über der Zeit für mehrere Radarsensoren in dem Netzwerk aufgetragen sind. Abb. 7.2 zeigt die Situation für den Beginn einer Niederschlagsperiode und Abb. 7.3 für eine Person, die sich auf Radarsensor 2 zubewegt. Wie sich zeigt, wirkt sich im ersten Fall der Niederschlag auf alle Radarsensoren aus, während die Person nur einen Radarsensor beeinflusst.

Um die Niederschlagssituation zu detektieren, wird schrittweise vorgegangen. Zunächst wird für jeden Radarsensor einzeln überprüft, wie oft innerhalb der letzten $K+1$ Messzyklen Detektionen im Nahbereich des Radarsensors aufgetreten sind. Diese Größe wird mit Hilfe der Detektionsrate P_{Det} beschrieben. Um diese zu berechnen, wird ein „Sliding-Window“ W der Länge $K+1$ verwendet:

$$W_t = \left[w_{t-K}, w_{t-(K-1)}, \ldots, w_{t-1}, w_t\right]$$

mit

$w_k = 0$, wenn Detektionen innerhalb des Nahbereiches in Messzyklus k
$w_k = 1$, wenn keine Detektionen innerhalb des Nahbereiches in Messzyklus k

Mit diesen gespeicherten Werten wird die aktuelle Detektionsrate $P_{\mathrm{Det},t}$ berechnet:

$$P_{\mathrm{Det},t} = \frac{\sum_{k=t-K}^{t} w_k}{K+1} \tag{7.3}$$

Sobald die Detektionsrate $P_{\mathrm{Det},t}$ für mehrere Sensoren oberhalb einer Schwelle liegt, wird auf eine Niederschlagssituation in dem Netzwerk geschlossen. Daraufhin werden die Detektionen im Nahbereich an Hand der berechneten Amplituden- und Geschwindigkeitsgrenzen gefiltert, siehe Kapitel 6.1, so dass die Niederschlagsdetektionen in den nachfolgenden Verarbeitungsschritten nicht weiter bearbeitet werden.

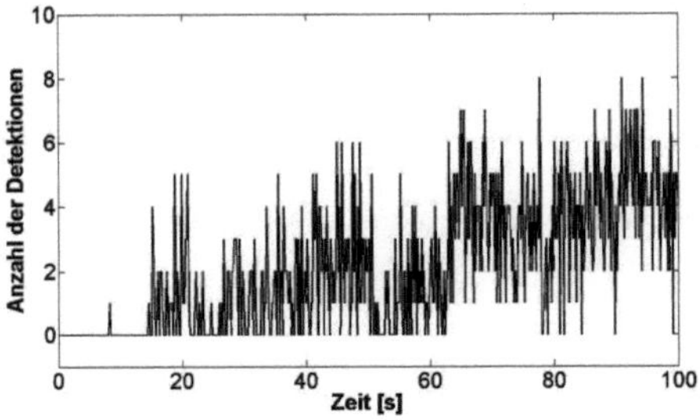

(a) Radarsensor 1

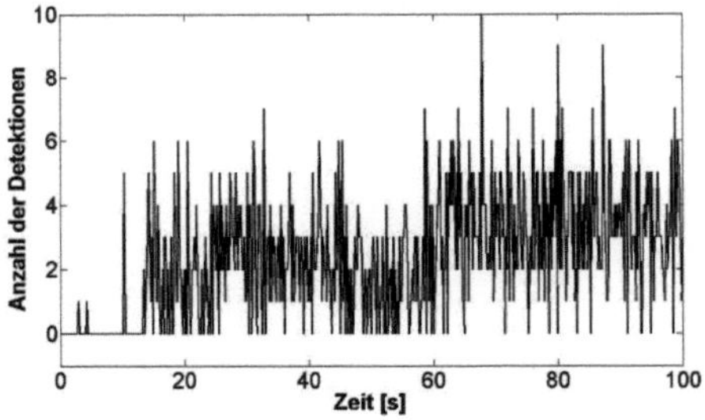

(b) Radarsensor 2

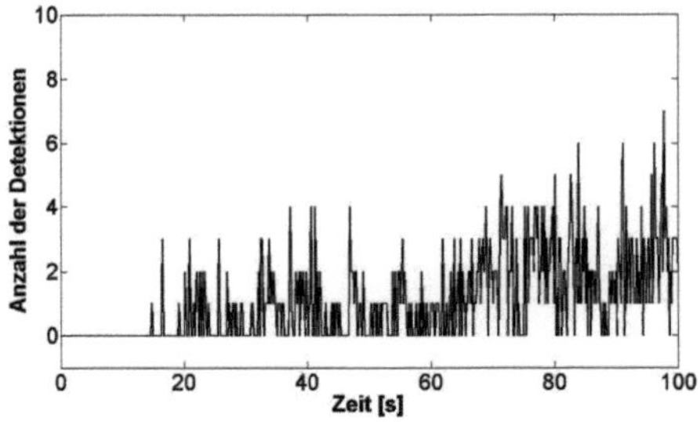

(c) Radarsensor 3

Abbildung 7.2: Anzahl der Detektionen im Nahbereich über der Zeit für den Beginn einer Niederschlagsperiode

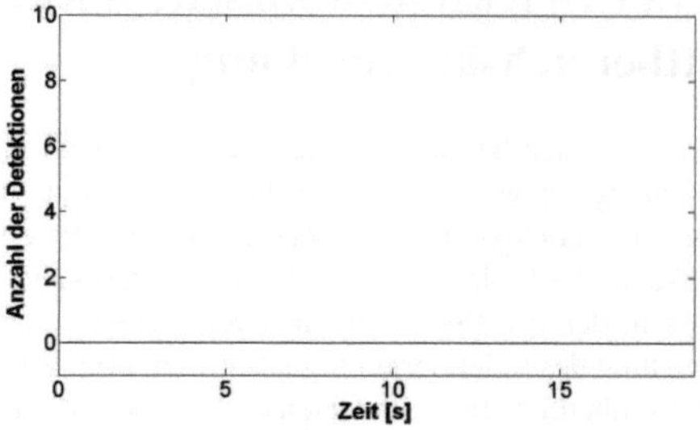

(a) Radarsensor 1

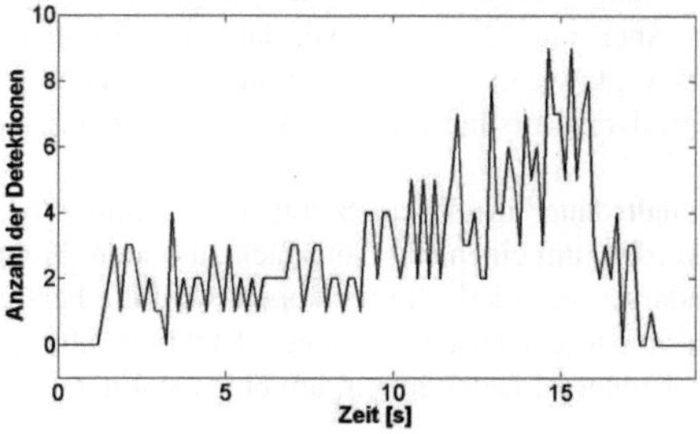

(b) Radarsensor 2

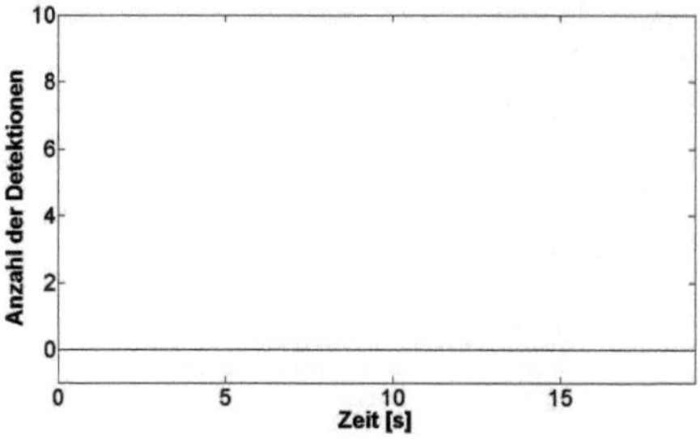

(c) Radarsensor 3

Abbildung 7.3: Anzahl der Detektionen im Nahbereich über der Zeit für eine Person, die sich im Radarnetzwerk bewegt

7.4 Erhöhung der Detektionswahrscheinlichkeit durch Sichtbereichsüberdeckung

Durch eine Überdeckung der Sichtbereiche zweier Radarsensoren, siehe Abb. 7.1, wird zwei Effekten entgegengewirkt, die die Wahrscheinlichkeit eine Person in dem Überwachungsgebiet zu detektieren, verringern können. Der erste Effekt wird durch die Antennenkeule des Radarsensors bedingt. Stilisiert kann der Sichtbereich des Radarsensors in der x-y-Ebene als ein Kreissegment angenommen werden. Die Empfangsleistung des reflektierten Signals nimmt proportional zu R^4 ab, siehe Kapitel 3.1. Im Nahbereich eines Radarsensors ist somit die Empfangsleistung vergleichsweise hoch, was zu einem großem Signal-zu-Rausch-Abstand und damit einer hohen Detektionswahrscheinlichkeit führt. Die Person wird somit garantiert detektiert. Aber unter der Annahme, dass sich eine Person lateral zu diesem Radarsensor bewegt, wie in Abb. 7.4 dargestellt, wird deutlich, dass sie sich im Nahbereich des Radarsensors nur für einen kurzen Augenblick in seinem Sichtbereich befindet.
Durch die kurze Aufenthaltsdauer in diesem Sichtbereich können nicht genug Messdaten gesammelt werden, um einen stabilen Track zu bilden. Wenn sich die Sichtbereiche zweier Radarsensoren jedoch überlappen, wird die Person gegebenenfalls im Fernbereich von Radarsensor 2 seltener detektiert, aber zusammen genommen ergeben sich genügend Detektionen, um einen stabilen Track zu etablieren.

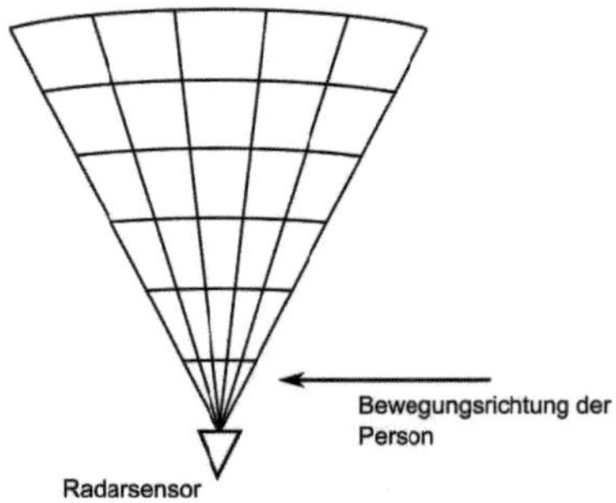

Abbildung 7.4: Eine sich quer zum Radarsensor bewegende Person befindet sich nur kurz im Sichtbereich des Radarsensors

Der zweite Effekt hat ebenfalls Auswirkungen im Nahbereich der Radarsensoren und zwar im Fall von Niederschlag. Wie in Kapitel 5.1.1 beschrieben, treten die Niederschlagsdetektionen ausschließlich im Nahbereich der Radarsensoren auf. Somit werden auch nur in diesem Bereich eines Radarsensors bei Niederschlag die Detektionen an Hand der gemessenen radialen Geschwindigkeit und der Empfangsamplitude ausgefiltert. Auf Grund der gezielten Desensibilisierung eines bestimmten Geschwindigkeitsbereichs und der adaptiven Bestimmung der Amplitudenschwelle ist die Wahrscheinlichkeit, dass die Detektionen einer Person komplett ausgeblendet werden, relativ gering. Aber bei sich überlappenden Sichtbereichen der Radarsensoren kann diese Wahrscheinlichkeit noch weiter verringert werden. Die Zellen von Radarsensor 1, die sich mit den desensibilisierten Zellen des anderen Radarsensors überdecken, behalten ihre volle Sensibilität. Sobald sich aus den Detektionen eines der Radarsensoren ein Track etabliert hat, wird gezielt auch innerhalb der als durch Niederschlag erzeugt gekennzeichneten Detektionen nach Assoziationen zur Fortsetzung der Tracks gesucht. Wenn eine Detektion als Assoziationspartner geeignet ist, wird die Kennzeichnung ignoriert und diese Detektion zur Fortsetzung des Tracks verwendet. Damit wird eine Art von „Subclutter Visiblitiy" erreicht. Das bedeutet, dass das Reflektionssignal der sich bewegenden Person detektiert wird, obwohl es sich von seinen Messwerten her innerhalb des Bereichs des unterdrückten Clutters, in diesem Fall der Niederschlagsdetektionen, befindet, siehe Abb. 7.5.

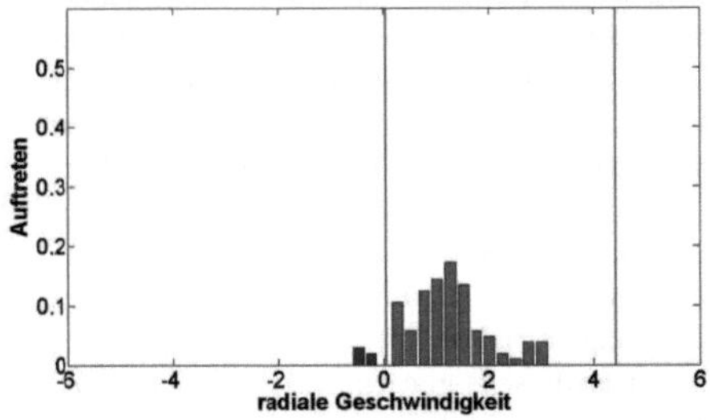

(a) Geschwindigkeitswerte innerhalb der Geschwindigkeitsgrenzen der Regenechokarte

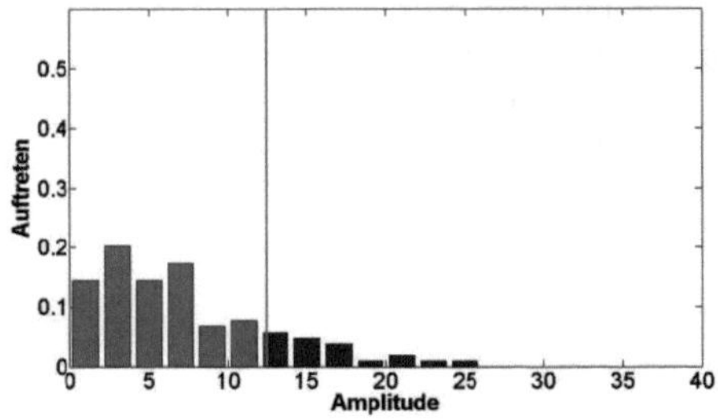

(b) Amplitudenwerte unterhalb der Amplitudengrenze der Regenechokarte

Abbildung 7.5: Anzahl der durch Personen verursachten Detektionen, die durch die Regenechokarte ausgeblendet würden

Kapitel 8

Zusammenfassung

Der vermehrte Einsatz von Radarsensoren im Automobilbereich und die verstärkten Forschungs- und Entwicklungstätigkeiten auf diesem Gebiet haben leistungsfähige Nahbereichsradarsensoren hervor gebracht. Diese Radarsensoren bieten sich auch für die Nutzung in anderen Anwendungsfeldern an. In dieser Arbeit wurde zum einen die Nutzung zur Sicherung von Gebieten, in denen sich nur befugte Personen aufhalten dürfen, betrachtet und zum anderen die Anwendung zur Überwachung besonders kritischer Bereiche auf einem Flughafenvorfeld, um Kollisionen zwischen Flugzeugen und anderen Verkehrsteilnehmern zu vermeiden.
Für beide Aufgaben wurde vorgeschlagen, Dauerstrichradare im 24 GHz-Frequenzbereich zu verwenden. Für die Geländeüberwachung wurde eine FSK-Sensor mit hoher Geschwindigkeitsauflösung gewählt, da in diesem Fall ausschließlich sich bewegende Ziele von Interesse sind. Der FSK-Sensor ist auf Grund der hohen Geschwindigkeitsauflösung in besonderem Maße für diese Aufgabe geeignet. Zusätzlich werden beim FSK-Sensor stationäre Ziele mit einer radialen Geschwindigkeitskomponente von $v_r = 0\,{}^{\mathrm{m}}\!/\!_{\mathrm{s}}$ automatisch ausgeblendet, so dass sie die Signalverarbeitung im weiteren Verlauf nicht beeinflussen.
Für die Flughafenvorfeldüberwachung ist diese Signalform allerdings nicht geeignet, da auch Flugzeuge erkannt werden sollen, die sich gerade nicht bewegen. Deshalb wurde in diesem Fall ein LFMSK-Sensor ausgewählt und verwendet. Dieser Radarsensor detektiert sowohl bewegte als auch unbewegte Objekte und misst innerhalb eines Messzyklus zuverlässig Geschwindigkeit und Entfernung aller Beobachtungsobjekte. Für diese Anwendung war insbesondere die Entfernungsauflösung von Interesse, um die Ausdehnung der Flugzeuge annähernd bestimmen zu können.
Die eigentlichen Hauptaufgaben der beiden Anwendungsfälle unterscheiden sich voneinander. Bei der Geländeüberwachung ist es besonders wichtig, die Störsignale von den Nutzsignalen trennen zu können. Das Hauptziel bei der Rollfeldüberwachung ist es, eine hohe Genauigkeit bei der Bestimmung der Position und

der Ausdehnung der Flugzeuge zu erreichen. Um beide Aufgaben erfüllen zu können, wurde eine detaillierte Analyse der Eigenschaften der zielspezifischen Empfangssignale durchgeführt.
Bei der Geländeüberwachung besteht das Ziel darin, eine hohe Detektionswahrscheinlichkeit für Personen bei gleichzeitig niedriger Falschalarmwahrscheinlichkeit zu erreichen. Hierfür wurden die auftretenden Zieltypen an Hand der Eigenschaft, ob sie sich durch das Beobachtungsgebiet bewegen oder nicht, in stationäre und bewegte Objekte unterteilt. Für die verschiedenen Objektgruppen wurden die Amplitudenverteilung, die Geschwindigkeitsverteilung, der Ort des Auftretens und die Häufigkeit der Detektionen analysiert. An Hand dieser Analyse konnten verschiedene Merkmale extrahiert werden, die Einfluss auf die spätere Signalverarbeitung zur Filterung der Störsignale haben.
Bei der Analyse der Reflektionssignale von Personen und Flugzeugen zeigte sich, dass es sich bei beiden um ausgedehnte Ziele handelt. Beide verwendeten Radarsensoren weisen eine hohe Auflösung in Geschwindigkeit auf und im Fall des LFMSK-Radarsensors zusätzlich auch noch eine hohe Auflösung in Entfernung. Das führt dazu, dass Personen, die nicht aus einem starren Körper, sondern aus sich verschieden bewegenden Körperteilen bestehen, als ein in Geschwindigkeit ausgedehntes Ziel wahrgenommen werden. Dadurch wird eine Person nicht durch eine einzelne Detektion, sondern durch mehrere Detektionen mit unterschiedlichen gemessenen Geschwindigkeiten repräsentiert. Im Fall der Flugzeuge handelt es sich beim Rumpf zwar um einen starren Körper, aber da die Entfernungsauflösung der verwendeten LFMSK-Radarsensoren im Meterbereich liegt, sind Flugzeuge in Entfernung deutlich ausgedehnt. Dies bedeutet, dass auch Flugzeuge durch mehrere Detektionen, in diesem Fall aber mit unterschiedlich gemessenen Entfernungen repräsentiert werden. Handelt es sich bei dem beobachteten Flugzeug um ein Propellerflugzeug, erzeugen die Propellerflügel weitere Detektionen mit verschiedenen gemessenen radialen Geschwindigkeiten. Also sind Propellerflugzeuge sowohl in Entfernung als auch in Geschwindigkeit ausgedehnte Ziele. Da konventionelle Trackingtechniken auf Punkt- und nicht auf ausgedehnte Ziele ausgelegt sind, wurden für beide Anwendungsfälle Techniken entwickelt, um aus den ausgedehnten Zielen Punktziele zu generieren, die im Radarsensor sinnvoll weiterverarbeitet werden können.
Schon die Anforderung größere Areale überwachen zu müssen, setzt voraus, dass mehrere Radarsensoren verwendet werden. Im Rahmen der Dissertation wurde ein Konzept entwickelt, um diese Radarsensoren in einem Netzwerk zusammenzuschalten und die einzelnen Ziellisten zentral zu verarbeiten. Zusätzlich zum rein praktischen Nutzen bietet die zentrale Verarbeitung auch verschiedene Vorteile, was die Entdeckungswahrscheinlichkeit der Nutzsignale betrifft.

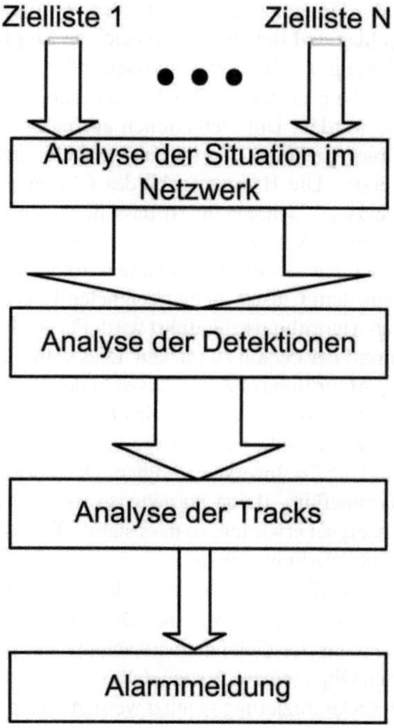

Abbildung 8.1: Schrittweise Verminderung der potentiellen Alarmmeldungen im Anwendungsfall der Geländeüberwachung

Im Fall der Geländeüberwachung hat sich gezeigt, dass für die Trennung der Nutz- von den Störsignalen eine schrittweise Analyse notwendig ist, siehe Abb. 8.1. Zuerst wird die Situation in dem gesamten Sensornetzwerk analysiert, um festzustellen, ob eine Niederschlagssituation vorliegt. Diese Information fließt dann in den nächsten Schritt, die Analyse der Detektionen, ein. In diesem Schritt werden gezielt potentielle Niederschlagsdetektionen an Hand ihrer Amplituden- und Geschwindigkeitsverteilung herausgefiltert. Die nächste Ebene stellt die Trackanalyse dar. Nach der erfolgreichen Zusammenfassung der einzelnen Detektionen zu Tracks, werden diese einerseits auf den Ort des Auftretens untersucht, um durch bewegte Bebauung erzeugte Tracks herauszufiltern und andererseits auf die Anzahl der Detektionen pro Messzyklus, um zwischen Kleintieren und Personen zu unterscheiden. Diese schrittweise Verminderung der potentiellen Ziele führt zu

sehr guten Ergebnissen bei der Trennung der von Personen verursachten Detektionen von den durch Niederschlag und Bebauung verursachten Empfangssignalen. Für eine sinnvolle Durchführung des Trackings, müssen in beiden Anwendungsfällen die Detektionen, die einem einzelnen Objekt zugeordnet werden können, geeignet zusammen gefasst werden. Um Detektionen ausfindig zu machen, die zu einem gemeinsamen Objekt gehören, wurde ein hierarchischer Bottom-Up-Cluster-Algorithmus verwendet. Die Hauptaufgabe des Cluster-Algorithmus ist hier nicht das Trennen von zwei Zielklassen, so dass dem Algorithmus selber keine hohe Bedeutung zukommt. Viel wichtiger ist die Weiterverarbeitung des entstandenen Clusters. Es wurden sowohl für Personen als auch für Flugzeuge Verfahren entwickelt, um aus dem Cluster einen geeigneten Repräsentanten auszuwählen, der dem Tracking-Algorithmus zugeführt wird. Für die Personen wurde ein Ansatz verfolgt, den Rumpf der Person zu tracken. Dies wurde erreicht, indem die Prädiktion des Tracking-Algorithmus bei der Auswahl des Repräsentanten berücksichtigt wurde. Im Gegensatz dazu wurde bei den Flugzeugen nicht nur eine Detektion als Repräsentant ausgewählt, sondern die beiden besonders stabilen, durch die Flugzeugspitze und die Triebwerke erzeugten, Detektionen. Sie wurden dem Tracking-Algorithmus zugeführt. Beide Vorgehensweisen haben sich für die jeweilige Objektklasse als geeignet erwiesen, so dass stabile Tracks entstehen und keine relevanten Informationen verloren gehen.
Insgesamt hat sich gezeigt, dass die vorgeschlagenen Radarsensoren für die beiden untersuchten Einsatzgebiete gut geeignet sind. Die Analyse der Messwerte der verschiedenen Objektklassen der Geländeüberwachung hat gezeigt, welche Vielzahl an unterschiedlichen Objekteigenschaften durch den FSK-Radarsensoren gemessen und somit zu einer Klassifizierung genutzt werden können. Die Ausdehnung der Objekte führte zunächst zu neuen Herausforderungen in der Signalverarbeitung, die aber durch den Einsatz geeigneter Techniken gelöst werden konnten. Gleichzeitig ergeben sich aus der radartechnischen Ausdehnung der Ziele weitere Möglichkeiten. Diese spezielle Situation der ausgedehnten Ziele kann im Fall der Geländeüberwachung durch Auswertung der verschiedenen Detektionen ausgenutzt werden, um das Klassifikationsergebnis zu verbessern. Auch bei der Rollfeldüberwachung kann die Schätzung der räumlichen Ausdehnung eines Objekts verwendet werden, wodurch die Genauigkeit und Aussagekraft der Positionsbestimmung eines ausgedehnten Objekts erhöht wird.
Abschließend kann gesagt werden, dass die aus dem Automobilbereich stammenden 24 GHz-Radarsensoren auf Grund ihrer hohen Empfindlichkeit, dem guten Auflösungsvermögen und der Fähigkeit, auch in Mehrziehlsituationen Geschwindigkeit und Entfernung gleichzeitig zu messen, für eine breite Palette an weiteren Anwendungen geeignet sind.

Abkürzungsverzeichnis

CFAR	Constant False Alarm Rate
CW	Continous-Wave (Dauerstrich)
FFT	Fast Fourier Transformation (Schnelle Fourier Transformation)
FSK	Frequency Shift Keying (frequenzumtastende Modulation)
LFMCW	Linear Frequency Modulated Continous Wave (Linear frequenzmodulierte Modulation)
LFMSK	Linear Frequency Modulated Shift Keying (Linear frequenzmodulierte frequenzumtastende Modulation)
Radar	Radio Detection and Ranging
SMR	Surface Movement Radar (Flugfeldüberwachungsradar)
ZUT	Zelle unter Test

Symbolverzeichnis

α Winkel zwischen der Beobachtungsrichtung und dem Geschwindigkeitsvektor

$\Delta\phi$ Phasenunterschied

δf_{FFT} Frequenzauflösung der FFT

Δf_{gesamt} Gesamtfrequenzverschiebung des Empfangssignals

ΔR Entfernungsauflösung

ΔT Pulsabstand

Δt zeitlicher Abstand zwischen zwei Messwerten

Δv_r Geschwindigkeitsauflösung

Δ Differenzsignal

γ azimutaler Winkel

$\hat{v}_{x,k}$ Schätzung der x-Komponente der Geschwindigkeit

$\hat{x}_k$ Schätzung der Position

$\hat{\vec{e}}_k$ a-posteriori-Fehler

$\hat{P}_k$ a-posteriori-Fehlerkovarianz

κ diskreter Frequenzbin der FFT

λ Wellenlänge des Sendesignals

$\overline{x}$ arithmetisches Mittel

σ Radarrückstreuquerschnitt (effektive Wirkfläche des Objektes)

$\sum$ Summensignal

τ Laufzeit des Signals

$\text{NumDet}_{\text{mean}}$ mittlere Anzahl der Detektionen pro Messzyklus

$\tilde{v}_{x,k}$ Prädiktion der x-Komponente der Geschwindigkeit

$\tilde{x}_k$ Prädiktion der Position

$\tilde{\mu}$ Schätzung des Erwartungswertes

$\tilde{\text{Var}}$ Schätzung der Varianz

$\tilde{\vec{e}}_k$ a-priori-Fehler

$\tilde{P}_k$ a-priori-Fehlerkovarianz

Var Varianz

$\vec{v}$ Geschwindigkeitsvektor

$\vec{v}_k$ Messrauschen des Radarsensors

$\vec{v}_r$ Geschwindigkeitsvektor der radialen Geschwindigkeitskomponente

$\vec{v}_t$ Geschwindigkeitsvektor der tangentialen Geschwindigkeitskomponente

$\vec{w}_k$ Prozessrauschen

$\vec{x}_k$ Zustandsvektor

$\vec{z}_k$ Messvektor

A Übergangsmatrix

a Leistung des Nutzsignals

A_{W} Effektive Wirkfläche der Antenne

c Lichtgeschwindigkeit

d Abstand zwischen zwei Antennen

$d(t_1,t_2)$ euklidischer Abstand zwischen zwei Detektionen

E Erwartungswert

f_{Hub} Frequenzhub des Sendesignals

f_{max} maximal messbare Frequenz

f_{Shift} Frequenzsprung zwischen zwei diskreten Sendesignalfrequenzen

f_a Abtastfrequenz

f_D Doppler-Frequenz

f_R Differenzfrequenz des Empfangs- zum Sendesignal

f_R Frequenzverschiebung durch die Entfernung

f_T Trägerfrequenz des Sendesignals

G Antennengewinn

H Messmatrix

I Einheitsmatrix

K_k Kalman-Gewinn

M Messrausch-Kovarianzmatirx

N Rauschleistung

$N_{\mathrm{D,false}}$ Anzahl der durch Rauschen verursachten Detektionen

$N_{\mathrm{D,true}}$ Anzahl der detektierten Ziele

$N_{\mathrm{ges,true}}$ Anzahl der vorhandenen Ziele

N_{ges} Anzahl der Messungen

N_a Anzahl der Abtastwerte

$P_{\mathrm{D,Z}}$ Auftrittswahrscheinlichkeit für Detektionen in einer Zelle der Regenechokarte

P_{Det} Detektionsrate

P_{D} Detektionswahrscheinlichkeit

P_{FA} Falschalarmwahrscheinlichkeit

P_{refl} Reflektierte Leistung

P_R Empfangsleistung

P_T Sendeleistung

$P_{\text{Richtantenne}}$ Sendeleistung der Richtantenne in Hauptstrahlrichtung

Q Prozessrauschen-Kovarianzmatrix

Q Prozessrauschen-Kovarianzmatrix

R Entfernung

r Betrag des komplexen Signals

R_{max} Entfernungseindeutigkeit

S Detektionsschwelle

s_{vel} Standardabweichung der Geschwindigkeit

S_A Amplitudenschwelle

S_R Empfangene Strahlungsdichte am Ort des Radarempfängers

S_T Leistungsdichte der Sendeleistung P_T in der Entfernung R

T_{Burst} Sendedauer einer diskreten Sendesignalfrequenz

T_{Chirp} Sendedauer des Sendesignals

T_{Puls} Breite des Sendepuls

v_r radiale Geschwindigkeitskomponente

W Sliding-Window

x Gemessene Position

x_1,x_2 Zufallsgrößen

$x_{\text{true},k}$ Tatsächliche Position

z Anzahl der Zyklen, die der Track außerhalb der Sicherheitszone ist

Abbildungsverzeichnis

Literaturverzeichnis

[BBP98] BLAIR, William D. ; BRANDT-PEARCE, Maite: Unresolved Rayleigh Target Detection Using Monopulse Measurements. In: *IEEE Trans. Aerosp. Electron. Syst* Bd. 2, 1998, S. 543–551

[BBP01] BLAIR, William D. ; BRANDT-PEARCE, Maite: Monopulse DOA Estimation of Two Unresolved Rayleigh Targets. In: *IEEE Trans. Aerosp. Electron. Syst* Bd. 2, 2001, S. 452–469

[BP99] BLACKMAN, Samuel S. ; POPOLI, Robert: *Design and Analysis of Modern Tracking Systems*. Artech House Inc, 1999. – ISBN 1–580–53006–0

[BRMR09] BÖHNING, Markus ; RITTER, Henning ; MÖLLER, Christof ; ROHLING, Hermann: Situation Analysis for Driver Assistance Systems based on 24 GHz Radar Sensors. In: *Proc. of International Radar Symposium - IRS 2009*. Hamburg, Deutschland, September 2009, S. 155–159

[Bro98] BROOKNER, Eli: *Tracking and Kalman Filtering Made Easy*. John Wiley & Sons, Inc, 1998. – ISBN 0–471–18407–1

[BRR08] BÖHNING, Markus ; RITTER, Henning ; ROHLING, Hermann: Data Association Procedures for Lateral Target Estimation. In: *Proc. of International Radar Symposium - IRS 2008*. Wroclaw, Polen, Mai 2008

[BS91] BRONSTEIN, I. N. ; SEMENDJAJEW, K. A.: *Taschenbuch der Mathematik*. 25. Aufl. Frankfurt am Main : B. G. Teubner, 1991. – ISBN 3–87144–492–8

[Fli91] FLIEGE, Norbert: *Systemtheorie*. Stuttgart : B. G. Teubner, 1991. – ISBN 3–519–06140–6

[FR06] FÖLSTER, Florian ; ROHLING, Hermann: Lateral Velocity estimation based on automotive radar sensors. In: *Proc. of 2006 CIE International Conference on Radar*. Shanghai, China : IEEE Press, Oktober 2006, S. 481–484

[Ham08] HAMANN, Philipp: *Realisierung eines an die menschliche Bewegung angepassten Partikel-Filters*. Institut für Nachrichtentechnik, Technische Universität Hamburg-Harburg, Diplomarbeit, September 2008

[Hül04a] Schutzrecht DE 165546-A (April 1904). HÜLSMEYER, Christian (Erfinder). eingereicht (1904-04-30)

[Hül04b] Schutzrecht DE 169154-A (November 1904). HÜLSMEYER, Christian (Erfinder). eingereicht (1904-11-11)

[Kal60] KALMAN, Rudolf E.: A New Approach to Linear Filtering and Prediction Problems. In: *Transactions of the ASME Journal of Basic Engineering*, 1960, S. 35–45

[Kay93] KAY, Steven M.: *Fundamentals of Statistical Signal Processing, Volume I: Estimation Theory (v. 1)*. Prentice Hall, 1993. – ISBN 9780135041352

[Kot33] KOTELNIKOW, W. A.: On the transmission capacity of „ether" and wire in electrocommunications. In: *Izd. Red. Upr. Swjasi RKKA*, 1933

[Lud98] LUDLOFF, Albrecht: *Praxiswissen Radar und Radarsignalverarbeitung*. 2. Aufl. Wiesbaden : Vieweg Verlag, 1998. – ISBN 3–528–16568–5

[MBM+03] MENDE, Ralph ; BEHRENS, Marc ; MEINECKE, Marc-Michael ; BARTELS, A. ; TO, Thanh-Binh: The UMRR-S: A High-Performance 24 GHz Multi Mode Automotive Radar Sensor for Comfort and Safety Applications. In: *Proc. International Radar Symposium 2003*. Dresden, Deutschland, September 2003, S. 113–118

[Mey92] MEYERS, Lexikonredaktion: *Meyers Taschenlexikon in 10 Bänden*. Bd. 3. 2. Aufl. Mannheim : B. I. Taschenbuchverlag, 1992. – ISBN 3–411–11632–3

[MR00] MEINECKE, Marc-Michael ; ROHLING, Hermann: Combination of FSK and LFMCW Modulation Principles for Automotive Radars. In: *Proc. German Radar Symposium 2000*. Berlin, Deutschland, Oktober 2000

[MRM07] MÖLLER, Christof ; ROHLING, Hermann ; MENDE, Ralph: Area Surveillance with 24 GHZ Radar Sensors. In: *Proc. of International Radar Symposium - IRS 2007*. Köln, Deutschland, September 2007, S. 299–305

[MSMM05] MUSICKI, D. ; SUVOROVA, S. ; MORELANDE, M. ; MORAN, B.: Clutter map and target tracking. In: *Information Fusion, 2005 8th International Conference on* Bd. 1, 2005, S. 8 ff.

[OFR05] OPRISAN, Dan ; FÖLSTER, Florian ; ROHLING, Hermann: Monopulse versus Multilateration Technique for azimuth measurement in automotive Radar Networks. In: *Proc. International Radar Symposium 2005*. Berlin, Deutschland, September 2005, S. 73–77

[OL02] OHM, Jens-Rainer ; LÜKE, Hans D.: *Signalübertragung – Grundlagen der digitalen und analogen Nachrichtenübertragungssysteme*. 8. Aufl. Berlin Heidelberg New York : Springer, 2002. – ISBN 3–540–67768–2

[OR02] OPRISAN, Dan ; ROHLING, Hermann: Tracking Systems for Automotive Radar Networks. In: *IEEE Conference Publication Number 490 (Radar 2002)*. Edinburgh, UK, Oktober 2002, S. 339–343

[OR03] OPRISAN, Dan ; ROHLING, Hermann: Multitarget Tracking Procedures for Automotive Radar Networks. In: *Proc. International Radar Symposium 2003*. Dresden, Deutschland, September 2003, S. 417–421

[Per03] PERRY, Jacquelin: *Ganganalyse - Norm und Pathologie des Gehens*. München : Urban & Fischer Verlag, 2003. – ISBN 3–437–47110–4

[RFR06] RITTER, Henning ; FÖLSTER, Florian ; ROHLING, Hermann: Identification of Pedestrians with Radar Sensors. In: *Proc. of the 3rd International Workshop on Intelligent Transportation - WIT 2006*. Hamburg, Deutschland, März 2006, S. 167–171

[Rit05] RITTER, Henning: *Fußgängererkennung mit Radarsensoren*. Institut für Nachrichtentechnik, Technische Universität Hamburg-Harburg, Diplomarbeit, Juni 2005

[RM08] ROHLING, Hermann ; MÖLLER, Christof: Radar Waveform for Automotive Radar System and Applications. In: *Proc. of Radar Conference, 2008. RADAR '08. IEEE.* Rom, Italien, Mai 2008, S. 1–4

[Roh83] ROHLING, Hermann: Radar CFAR Thresholding in Clutter and Multiple Target Situations. In: *IEEE Trans. Aerosp. Electron. Syst.* Bd. 4, 1983, S. 608–621

[Roh84] ROHLING, Hermann: *Adaptive Methode zur Zielerkennung in Pulsradargeräten mit Dopplerprozessoren.* Fakultät für Elektrotechnik, Technische Hochschule Aachen, Dissertation, Juli 1984

[RR07] RITTER, Henning ; ROHLING, Hermann: Pedestrian Detection based on Automotive Radar. In: *Proc. of The IET International Conference on Radar Systems.* Edinburgh, Großbritannien, Oktober 2007

[Sko08] SKOLNIK, Merrill I.: *Radar Handbook.* 3. Aufl. New York : McGraw–Hill, 2008. – ISBN 9780071485470

[WB95] WELCH, Greg ; BISHOP, Gary: *An Introduction to the Kalman Filter.* Department of Computer Science, 1995

Index

Lebenslauf

Name	Möller
Vorname	Christof
Geburtsdatum	08.05.1980
Geburtsort, -land	Braunschweig, Deutschland
08.1986 - 07.1990	Grundschule in Groß Schwülper
08.1990 - 06.1992	Orientierungsstufe in Meine
08.1992 - 06.1999	Gymnasium *Martino-Katharineum* in Braunschweig
08.1999 - 06.2000	Zivildienst bei der *Lebenshilfe* in Braunschweig
10.2000 - 05.2006	Studium der Elektrotechnik an der *TU Hamburg-Harburg* Abschluss: Diplom
04.2005 - 10.2005	Fachpraktikum bei *Volkswagen Slovakia, a.s.*, in Bratislava, Slowakei
07.2006 - 06.2010	Wissenschaftlicher Mitarbeiter am Institut für Nachrichtentechnik der *TU Hamburg-Harburg*
11.2010 - heute	System- und Softwareentwickler bei der *Dräger Safety AG & Co. KGaA* in Lübeck